全国教育科学规划教育部重点课题(DBA160252)

全国教育科学规划教育部重点课题（DBA160252）

社会道德行为中的情绪因素

理论分析与实证研究

王芹 著

天津社会科学院出版社

图书在版编目（ＣＩＰ）数据

社会道德行为中的情绪因素：理论分析与实证研究 /
王芹著. -- 天津：天津社会科学院出版社，2021.8
　ISBN 978-7-5563-0751-7

　Ⅰ．①社… Ⅱ．①王… Ⅲ．①社会－道德行为－研究
Ⅳ．①B824

　中国版本图书馆CIP数据核字(2021)第162992号

社会道德行为中的情绪因素：理论分析与实证研究
SHEHUI DAODE XINGWEI ZHONG DE QINGXU YINSU：
LILUN FENXI YU SHIZHENG YANJIU

———————————————————————————————

出版发行：天津社会科学院出版社
地　　址：天津市南开区迎水道7号
邮　　编：300191
电话/传真：（022）23360165（总编室）
　　　　　　（022）23075303（发行科）
网　　址：www.tass-tj.org.cn
印　　刷：北京盛通印刷股份有限公司

———————————————————————————————

开　　本：787×1092　毫米　　1/16
印　　张：13.5
字　　数：210千字
版　　次：2021年8月第1版　2021年8月第1次印刷
定　　价：68.00元

———————————————————————————————

序

　　道德是人类追求美好生活的基础,推动着整个社会和谐有序运转。习近平总书记提出:国无德不兴,人无德不立。必须加强全社会的思想道德建设,激发人们形成善良的道德意识、道德情感,培育正确的道德判断和道德责任。

　　道德情绪是一种产生于社会互动过程中的复合情绪,与道德认知成分一起,引导、推动和调节着人们的道德行为,在个人价值观形成中发挥着关键的影响作用。道德情绪可以为人们做出符合社会规范的道德行为提供重要动机性支持。道德情绪的缺失常常造成个体做出道德伪善、知行脱节等不当行为。

　　道德情绪发生于道德情境下,是个体根据内化的道德准则和规范,对自己或他人的观点和行为进行评判时产生的情绪体验。一般来说,人们在助人之后感到高兴、自豪,在损人之后感到内疚、羞耻,这些复杂的情绪又称为"自我意识情绪",与高兴、悲伤等初级情绪在产生、发展以及行为倾向等方面存在很大差异。激发与培育道德情绪,是开展道德教育引导的重要途径之一。系统地探讨道德情绪发展的规律,深入地探索道德情绪对社会行为影响的内在心理机制,揭示道德情绪和道德认知相互影响的动态过程,将为道德教育模式创新提供科学的理论指导。

　　《社会道德行为中的情绪因素:理论分析与实证研究》一书是王芹博士主持的全国教育科学规划教育部重点课题的主要成果,是对她多年从事此方面研究工作的系统总结。全书从情绪心理学角度,以道德情绪对社会行为影响的心理机制为主线,深入探讨道德情绪特性及其与个体社会道德行为之间的密切联系,关注道德情感教育领域的重要科学问题。

社会道德行为中的情绪因素：理论分析与实证研究

　　全书对国内外相关研究进行了介绍和述评，内容丰富，视角独特，系统性强。我相信，《社会道德行为中的情绪因素：理论分析与实证研究》一书对于促进道德情感培育、深化道德教育具有积极的理论与实践意义。

白学军

天津师范大学副校长、心理学部　部长

教育部人文社会科学重点研究基地天津师范大学心理与行为研究院　院长

教育部长江学者特聘教授、国家万人计划哲学社会科学领军人才

前　言

　　道德是一个社会所推崇的文化规范和正向价值观念,作为行为准则引导着人们的社会关系和社会行为。一个人的行为是否符合道德规范,与个体所处的社会文化背景有关。个体的道德行为准则一部分来源于人类社会普遍认可的道德规范,另一部分来源于个体所处特定社会文化的要求。不道德行为的结果会损伤社会及其他成员的利益,道德建设对于规范社会行为、维护社会秩序、减少道德失范行为具有重要作用。道德行为的发生和作用机制,已成为不同学科共同关注的热点。

　　在心理学研究领域中,道德由道德认知、道德情绪与道德行为三种基本的成分共同构成。道德认知反映了理性道德的一面,在道德判断中起到重要的影响和调节作用,一直以来受到广泛关注。"情绪"作为促使人际行为的原动力之一,具有重要的社会功能和适应功能。随着研究深入,情绪在人们道德行为中所扮演的关键角色逐渐凸显出来。现实生活中人们所作出的道德判断和行为决策,往往是"认知"和"情绪"交互作用的结果。

　　本书从道德情绪的社会功能出发,围绕道德情绪特征以及情绪在道德判断与决策中发挥的作用,展开理论探讨和实证研究。本书共分六章,第一章主要围绕道德两难情境中,情绪和认识的交互作用展开探讨;第二章围绕基本情绪与道德情绪的类别划分与影响作用进行评述与研究;第三章从情绪的动机维度出发,围绕道德情绪对人际信任的影响展开研究;第四章主要探讨内疚情绪对个体亲社会行为的影响;第五章对厌恶的发展及其对道德违规行为的影响进行介绍;第六章主要探讨道德愤怒在社会决策过程中发挥的作用。

　　本书是全国教育科学规划教育部重点课题"自我调控对大学生道德行为的影响及其生理机制研究"(DBA160252)的主要成果之一,是课题组全体成员几年来共同努力的结果,在此一并表示感谢。

　　本书从情绪心理学角度,探讨道德情绪特性及其对个体社会道德行为的影响。由于个人经验和水平所限,书中难免有疏漏与不妥之处,敬请同行专家和读者批评指正,并提出宝贵意见。

王　芹

2021 年 5 月于天津师范大学心理学部

目　　录

第一章　道德行为中"理"与"情"的冲突

第一节　道德认知与道德行为

一、道德行为概述

(一) 规范性道德与禁止性道德

在人类社会中,道德的产生离不开特定文化,它代表了一个社会所推崇的特殊规范和价值观念,作为行为准则引导着人们的社会关系和社会行为。道德行为是由个体在有意识的状态下自发做出的行为,并且行为的结果符合社会或其他社会成员的利益。相对应的,不道德行为则是不符合社会预期,行为的结果会给社会或其他社会成员的利益造成损失。

一个人的行为是否符合道德行为规范,与个体所处的社会文化背景有关。个体的道德行为准则一部分来源于人类社会普遍认可的道德规范,另一部分来源于个体所处特定社会文化的要求。一般情况下,道德行为是被社会和其他成员所支持和鼓励的,会带来正向的、亲社会结果的行为,如帮助、捐助以及安慰等助人行为,分享、谦让等合作行为,也包括一些传统文化美德,如诚实、刻苦、勤俭和奋发向上等行为。不道德行为是指一些被社会道德规范判定为错误的、应该禁止的行为,包括对他人进行言语、身体攻击或者侵犯他人权益,这些行为的结果可能对他人造成负面影响,如欺骗、偷盗和暴力伤他行为等。

因此,根据道德行为所产生的影响,道德也可以划分为规范性道德和禁止性道德①。在规范性道德引导下出现的行为,是我们通常说的被一定文化所推崇的、具有社会期许性的亲社会行为;禁止性道德对不被社会道德规范所允许的侵犯行为进行了界定,违反了禁止性道德的行为可能给他人带来负面影响,是不道德的行为。

规范性道德和禁止性道德之间既有区别又有联系。首先,两者都是被社会文化所鼓励的行为,人们由此对个体行为的好坏作出评判。例如,根据规范性道德,我们应该为处于困境中的他人提供帮助,而根据禁止性道德,我们的行为不应该对他人造成伤害,从这个层面上,二者存在共性。需要注意的是,规范性道德和禁止性道德并不简单地代表一个事物的两个方面。因为不伤害他人,并不等于帮助他人。有时我们可以避免做出伤害行为,但是却又拒绝对他人提供帮助。因此规范性道德和禁止性道德所描述的道德行为,在一定程度上具有相互独立性。

(二)道德认知对行为的调节

道德行为在出现之前,往往会经历几个阶段。第一阶段是道德意识阶段,即个体意识到所面临的决策问题为道德问题,在社会化过程中逐渐形成的个人道德敏感性与这个阶段密切相关;第二阶段是道德判断阶段,个体根据规范性道德和禁止性道德准则,从若干行为选项中确定自己应该做出的行为和不应该做出的行为;第三阶段为道德意图阶段,在这一阶段中,个体在作出道德判断的基础上,结合自己的道德价值观和特定事件发生的情境,作出道德决策;第四阶段为道德行为阶段,即个体实施道德意图、做出具体道德行为的阶

---

① Janoff-Bulman, R., Sheikh, S., & Hepp, S. (2009). Proscriptive versus prescriptive morality: two faces of moral regulation. *Journal of Personality & Social Psychology*, 96(3), 521-537.

段。因此,道德行为属于最后的行为输出阶段①。

道德认知反映了道德的理性一面,涉及道德判断、道德推理和道德决策等过程。随着个体年龄增长,社会化程度不断加深,个体逐渐将社会道德规范内化为自身的行为准则。在特定情境下,个体是否会做出规范性道德行为、避免禁止性道德行为,道德认知起到重要的影响和调节作用。因此道德认知发展水平往往与道德行为关联紧密。

然而,在日常生活中,道德的认知加工并不总是与外显的道德行为保持一致。它们经常发生冲突,也就是说,个体虽然在认知层面,作出了有关善恶的道德评判,但是行为上并没有遵守道德规范,出现"知行不一"的现象。

二、道德行为中的"知行不一"

(一)道德推脱的心理机制

道德认知发展伴随着个体成长,人们逐渐将社会道德规范内化,希望自己的行为能够符合他人的预期、得到社会的认可。个体的内在道德准则对行为起到重要的调节作用。但是,有时候个体还是会做出禁止性道德行为,其中道德推脱对个体做出不道德行为产生重要影响。

道德推脱(moral disengagement)是由班杜拉(Bandura)②从社会认知角度提出的概念,指个体对自己的不道德行为进行重新定义,最大限度地减少自己在行为后果中的责任,从而降低对受害者痛苦的认同。道德推脱是个体的一些特定道德认知倾向,能够使个体避免内在的道德标准和外在行为之间的冲突,减轻自责和内疚,使道德自我调节功能暂时失效。

依据班杜拉的道德推脱理论,在个体做出不道德行为时,会通过三个认知过程来使行为的伤害性显得更小,降低自己对后果应该承担的责任。第一个

---

① Rest. J. R. (1986). Moral development: advances in research and theory. *Advances in Solar Energy Technology*, 33, 489-496.

② Bandura, A. (1999). Moral disengagement in the perpetration of inhumanities. *Personality & Social Psychology Review*, 3(3), 193.

过程是个体对自身不道德行为的认知重构。个体通过道德辩护、委婉标签、有利比较这三个机制,调节自身对行为的认知。道德辩护指通过对不道德行为进行重新解释,使自己的所作所为显得更加合理;委婉标签指个体用委婉的语言对自己的不道德行为做出描述,减轻行为的严重程度;有利比较指将自己的不道德行为与可能产生的更严重后果进行比较,从认知上降低自己行为的危害性。第二个过程是个体对自身行为结果的危害程度进行认知重构。采用责任分散、责任转移和结果扭曲三个解释过程,使自己在面对不道德行为造成的负性结果时,逃避承担相应的责任。责任分散是将不道德行为归于从众,自己的行为只是跟随多数人的做法,例如不遵守交通规则,是因为大家都这样做;责任转移是将事件的责任归咎到其他人或客观环境上,例如自己的欺骗行为是因为受到了不公平的对待;结果扭曲是指个体对不道德行为造成的负面后果直接否认或忽略,从而减轻负疚感。第三个过程是个体对事件的受害者进行认知重构。包括非人性化和责任归因。非人性化指将受害人视为与自己不同的人,对其做出的行为不应该受道德准则约束。责任归因则是把行为的起因归咎到受害人身上,自己的行为只是在受到威胁时的一种正当自我防卫。

在道德推脱的心理加工影响下,个体更倾向于做出禁止性道德行为,同时也会导致规范性道德行为的减少[1]。在以初中生和大学生为样本的攻击行为研究中发现,道德推脱水平的高低可以显著地预测学生做出攻击行为和暴力行为的频率。[2][3] 在一项对大学生的学术欺骗行为进行的问卷调查中,也发现道德推脱对大学生的学术欺骗行为有显著的正向预测作用[4]。

---

[1] Detert, J. R., Trevino, L. K., & Sweitzer, V. L. (2008). Moral disengagement in ethical decision making: a study of antecedents and outcomes. *Journal of Applied Psychology*, 93 (2), 374-391.

[2] 杨继平, 王兴超. (2011). 父母冲突与初中生攻击行为:道德推脱的中介作用. 心理发展与教育, 27(5), 498-505.

[3] 王兴超, 杨继平, 刘丽, 高玲, 李霞. (2012). 道德推脱对大学生攻击行为的影响:道德认同的调节作. 心理发展与教育, 28(05), 532-538.

[4] 杨继平, 王兴超, 陆丽君, 张力维. (2010). 道德推脱与大学生学术欺骗行为的关系研究. 心理发展与教育, 04, 364-370.

在我们的一项研究中,采用班杜拉等人编制[1],由杨继平、王兴超等人修订[2]的中文版公民道德推脱问卷,对天津两所大学 406 名大学生的道德推脱水平进行了测量。结果显示,在道德推脱的八个维度"道德辩护、委婉标签、有利比较、责任转移、责任分散、结果扭曲、非人性化和责备归因"中,结果扭曲的维度均分最高,其次为责备归因,第三为责任分散。性别在道德推脱总均分上存在显著性差异,男生的道德推脱水平高于女生。从分维度来看,男生和女生的差异主要体现六个维度上,包括道德辩护、有利比较、责任转移、委婉标签、结果扭曲、责任分散与非人性化,只有责备归因这一维度没有发现性别上的显著性差异。道德推脱在年级上的差异主要体现在责任归因维度。随着年级的增长,责任归因取向出现下降趋势。

(二)道德伪善的心理机制

道德准则引导个体与他人进行互动,但是在现实生活中,我们发现一些人只是想要表现得道德,实际行为却达不到自己宣称的道德水准,或者对他人的道德标准要求高于对自己的要求,在评判他人的不道德行为时所采用的标准更加严厉,这就是道德伪善(moral hypocrisy)。一个人之所以会做出道德伪善行为,是因为表面上的伪善、对自身道德水准的标榜,可以被他人视为道德高尚者,心理上获得满足感,而实际的伪善行为,又可以帮助自己获得实际利益,逃避承担应有的责任。从上述对道德伪善的描述中可以看出,道德伪善行为涉及动机和言行分离两种取向。

首先从动机上看,伪善者的道德行为并非出自行善动机,只是个体想让自己表面上看起来很道德,而内心却想方设法逃避行善需要付出的代价,实际的道德行为与声称的道德行为不相符,是一种自我欺骗的动机取向。研究者提

---

① Bandura, A., Barbaranelli, C., Caprara, G. V., et al. (1996). Mechanisms of moral disengagement in the exercise of moral agency. *Journal of Personality and Social Psychology*, 71, 364-374.

② 王兴超, 杨继平. (2010). 中文版道德推脱问卷的信效度研究. 中国临床心理学杂志, 18(2), 177-179.

出个体在进行道德伪善行为时，会采用自我欺骗的"有意识否认性策略"，阻止自己对自身行为进行道德评判，避免内在标准和外在行为的矛盾，因此才会出现不符合社会道德规范的伪善行为。[①]

道德伪善的另一种取向是知与行的分离。个体对外强调遵守道德规范并赞许鼓励他人的道德行为，但是对内却违背道德规范，在自己和他人做出同样违背道德的行为时，采取的道德判断标准不同，对他人的行为判断标准更为严苛。[②③] 针对道德伪善的言行分离层面，研究者认为在遵守道德规范上实行自我和他人的"双重标准"可以从社会距离角度进行解释。当个体自己做出不道德行为时，与自身的心理距离非常近，因此解释水平低，个体很容易从事件发生时周围的现实情境角度做出判断；当不道德行为是他人做出时，由于与自身的心理距离远，因此解释水平更高，更容易站在社会道德规范的视角，从道德准则角度对该行为及其严重程度做出评判[④]。

研究者利用实验研究方法对道德伪善行为进行了系列探索和验证[⑤⑥]。在实验中，实验者要求被试在自己和实验伙伴之间分配任务，任务有积极的也有一般的，即中性任务。根据调查结果，有95%的被试认为给实验伙伴分配积极任务属于道德行为，是被社会规范所推崇的。但是实验结果表明只有

① 寇彧，徐华女. (2005). 论道德伪善——对人性的一种剖析. 清华大学学报(哲学社会科学版)(06)，56-61.

② Barden, J., Rucker, D. D., & Petty, R. E. (2005). "Saying one thing and doing another": examining the impact of event order on hypocrisy judgments of others. *Personality & social psychology bulletin*, 31(11), 1463-1474.

③ Lammers, J. (2012). Abstraction increases hypocrisy. *Journal of Experimental Social Psychology*, 48(2), 31-42.

④ Eyal, T., Liberman, N., & Trope, Y. (2008). Judging near and distant virtue and vice. *Journal of Experimental Social Psychology*, 44(4), 1204-1209.

⑤ Batson, C. D., Thompson, E. R., Seuferling, G., Whitney, H., & Strongman, J. A. (1999). Moral hypocrisy: appearing moral to oneself without being so. *Journal of Personality and Social Psychology*, 77(3), 525-537.

⑥ Batson, C. D., Thompson, E. R., & Chen, H. (2002). Moral hypocrisy: Addressing some alternatives. *Journal of Personality and Social Psychology*, 83(2), 330-339.

20%的人真正给对方分配了积极任务。接下来的实验中,研究者暗示被试,对方和自己得到积极任务的机会应该是一致的,并且提供给被试一枚硬币。有一半的被试表示,会选择扔硬币的方式来决定如何分配任务,但是实验结果显示,只有10%的被试给对方分配了积极任务。在实验前,研究者还利用问卷对被试的道德感进行了评估,发现道德感越高,越有可能声称自己会采用扔硬币的方式来分配任务,但是事实上,道德评分与被试真实的道德行为之间并没有发现相关性。第三步的实验中,改由实验者来分配任务,由被试决定是否接受这样的分配。结果发现当分配给自己积极任务时,有85%的被试选择接受;当分配给自己中性任务时,仅有55%的人愿意接受。为了进一步探查道德伪善行为的心理机制,研究者引入了自我意识这一概念,通过贴标签的方式,对自我意识水平进行了操纵。首先,实验者将硬币的正反面分别贴上"自己—积极任务"与"对方—积极任务"的标签,这样做是为了防止被试在扔完硬币看到结果后,会重新定义硬币的哪一面是将积极任务分配给自己。结果发现,被试的道德伪善现象并没有因此而减弱,被试知道自己的行为是不公平的,但仍旧作出了自利的选择。在接下来的实验中,为了加强被试作决策时的自我意识,研究者让一部分被试面对着一面镜子作出分配,另一组被试则不需要面对镜子来作决策。结果发现面对镜子的被试中,有50%的人给对方分配了积极任务,而不面对镜子的被试只有15%的人给对方分配积极任务。研究者指出,提高个体的自我意识有助于减少道德伪善行为。因为自我意识的提高促进个体道德准则的唤醒,使个体降低自我欺骗动机,从而约束自己的行为,作出符合道德规范的选择。

也有研究者从认知偏差角度提出,人们在对自己的道德行为进行评价时,更注重行为的意图,而对他人的道德行为进行评价时更注重行为的结果,因此这种对自己和他人的双重道德标准使个体产生认知偏差,但是该解释效力只存在于意图和行为结果明显的道德判断情境中①。

---

① 孙嘉卿, 顾璇, 吴嵩, 王雪, 金盛华. (2012). 道德伪善的心理机制:基于双加工理论的解读. 中国临床心理学杂志, 20(04), 580-584.

第二节　道德两难决策：功利与道义的权衡

一、道德两难困境

(一) 道德两难困境的类型

道德两难困境是个体在特定的情境下，在认知和情感上体验到道德冲突，无法作出"是"或"非"的判断，只能根据当下的情境，权衡利弊，仔细分析和思考后再作出选择。道德两难困境最早属于哲学范畴，随着多学科融合，一些经典的研究范式被开发并广泛应用于经济学和心理学等社会研究领域。

在道德研究领域，道德困境主要分"个人道德困境（personal moral dilemma）"和"非个人道德困境（impersonal moral dilemma）"，也可称作"自我道德困境"和"非自我道德困境"。

格林等人（Greene）[①]在研究中根据三个标准划分"道德—个人困境"与"道德—非个人困境"，个人困境的具体分类标准为：可能会导致严重的身体伤害；造成特定的人的身体伤害，或者伤害到某个特定人群的一个或多个成员身上；伤害不能因为现有威胁转向其他人。而不符合以上三个标准的则为非个人道德困境。

个人道德困境中，经典的范式是天桥困境（footbridge problem）。该两难困境中的伤害行为是个体假设自己的行为会亲手造成一个人的死亡（把人推下天桥），个体在情感上将体验到强烈的道德冲突。下面是天桥困境的一个典型示例。

---

① Greene, J. D., Sommerville, R. B., Nystrom, L. E., Darley, J. M., &Cohen, J. D. (2001). An fMRI investigation of emotional engagement in moral judgment. *Science*, 293 (5537), 2105-2108.

天桥困境

一辆火车正在疾驰前进,很快就要撞上轨道上的五位铁路工人。你正站在铁轨上方的天桥上,在你的面前,背对你站立着一位铁路工人,他背着又大又厚重的背包。如果什么都不做任由这辆火车继续行驶,五位铁路工人必将死亡。营救他们的唯一方法就是把你前面背包的铁路工人推下去挡住火车,但是这位铁路工人将遇难。请问你将如何选择?

非个人道德困境以电车困境(trolley problem)为代表,该两难困境中,伤害行为不是亲手造成的(切换轨道)。下面是电车困境的示例。

电车困境

一辆火车正在疾驰前进,即将到达分岔路口。在分岔路口的左侧轨道上有五位铁路工人,在分岔路口的右侧轨道上有一位铁路工人。这辆火车将驶上左侧轨道,如果什么都不做任由这辆火车继续行驶,五位铁路工人必将死亡。营救他们的唯一方法就是你按下一个开关,火车会改变方向驶上右侧轨道,但是右侧轨道上的铁路工人将遇难。请问你将如何选择?

在上面两个道德困境中,结果是一样的,都是通过一个人的死亡来营救五个人的生命。但是两种困境下,个体往往作出不一样的决断。在电车困境中,大多数人会选择切换轨道,通过按开关改变火车行进方向,为了营救五个工人而牺牲掉一个人的生命;在天桥困境中,大多数人会选择放弃营救五个人,不把那个背包的铁路工人推下去。研究者指出"电车困境"和"天桥困境"之间的关键区别在于,天桥困境在情感上,引发个体更强烈的冲突体验,即直接将人推向死亡的想法比按下开关的想法在情感上更具有冲击性,诱发更强烈的负性情绪,情绪强度的不同导致个体作出不同决策方案。

也有研究者根据道德情境的冲突性高低,将"个人道德两难困境"分为高冲突两难困境(high-conflict dilemma)和低冲突两难困境(low-conflict dilemma)。高冲突的个人道德困境,可能是涉及对整体利益的竞争性考虑,也可能是会唤起强烈社会情感的对他人的伤害(例如通过杀死一个人来拯救更多的人),典型的高冲突困境有"哭泣的婴儿困境"。相比较而言,低冲突的个人道德困境竞争程度不那么强。研究表明,相比于高冲突两难情境,个体对低冲突两难情境的反应时更快①。

哭泣的婴儿困境

敌军占领了你的村庄。他们接到命令要杀死所有剩余的平民。你和你的一些市民躲避在一所大房子的地窖里,你听到外面有士兵搜索房子的声音。这时,你的宝宝开始大声哭泣,你用手捂住了他的嘴巴。如果你把手拿开,宝宝的哭声会引起士兵的注意,士兵会杀了你、宝宝和其他所有人。为了救他们和你自己,你只能用手捂住宝宝嘴巴,最终会闷死宝宝。请问你将如何选择?

在本章道德行为的内容中,曾经提到社会距离对个体作出道德伪善行为的影响。社会距离指"自我"与"他人"的特定距离。在道德决策研究领域我们会用"局内人"和"局外人"来形容。在决策情境中,作为局内人,我们对于自身相关因素和决策选项更加情绪化,决策更容易受情绪影响。而作为局外人,对于身体或心理上与自己有一定距离的他人行为更能够进行理性分析。例如,一个人如果为自己选择奖励时,往往更倾向于即时性的回报,即使这个回报不如非即时性的延时回报价值高;而为他人决策时,则更加理智,会选择相对来说价值更高的延时奖励。

(二)道德两难困境的取向

个体在道德信念的基础上对道德情境中的时间、人物、事件的状况和行为表现等进行判断。研究者认为,道德两难困境中判断存在两种取向②,即功利主义(utilitarianism)和道义主义(deontology)。

功利主义,又称为结果论主义(consequentialist),指为了更多人或者整体的利益,而去牺牲一个人的利益,以卷入个体的成本最小化,优势结果最大化

---

① Koenigs, M., Young, L., Adolphs, R., Tranel, D., Cushman, F., & Hauser, M., et al. (2007). Damage to the prefrontal cortex increases utilitarian moral judgements. *Nature*, 446(7138), 908-911.

② Greene, J. D., Cushman, F. A., Stewart, L. E., Lowenberg, K., Nystrom, L. E., & Cohen, J. D. (2009). Pushing moral buttons: The interaction between personal force and intention in moral judgment. *Cognition*, 111(3), 364-371.

为最终目的,并根据行为结果来进行评判。在道德两难情境中,功利主义的选择通常表现为为了生命利益最大化(拯救更多人的生命)而牺牲掉一个人,例如"天桥困境"和"电车困境"中,如果认为"牺牲一个人的生命来拯救更多人的生命"这一决策是正确且可以接受的,那么这种选择就是功利主义倾向。

相比于功利主义选择注重结果,道义主义更强调行为本身的特征,而非行为带来的结果。例如在"天桥困境"中,即使是为了拯救更多的人,但是伤害他人的行为本身就是不道德的。个体作出功利主义倾向的决策时,往往会伴随着认知过程,因此相比于道义主义倾向决策,会激活更多的认知控制相关的脑区,为了应对艰难的道德两难选择,功利主义倾向决策的反应时会更长。受认知控制驱动的个体倾向于作出功利主义倾向的决策。因此,功利主义的道德判断是更加理性的决策,道义主义的道德判断是受情绪驱动的,是一种感性决策,作出决策所需要的时间往往更短。

个人道德困境在冲突下会诱发出个体强烈的情绪体验,因此决策往往会由直觉主导,最终作出道义性判断。例如在"天桥困境"中,尽管从理性上能够认识到以少数人牺牲的方式会获得更大益处,但是还是不会做出伤害行为。在非个人道德两难困境中,例如"电车困境",个体被诱发的情绪体验较弱,因此决策倾向于理性认知主导,容易作出功利性判断,即结果论判断。

脑科学研究结果显示,当面临个人道德困境时,与社会和情绪加工有关的脑区会被激活,如双侧颞上沟,额中回和后扣带回;在非个人困境中,与认知加工相关的脑区,如顶叶区域,背外侧前额区域会有更多的激活,即个体在面临不同的道德困境时,大脑的激活模式也会有差异。

在学术研究领域,我们并没有对功利主义和道义主义选择的正确性作出区分和规定,即功利主义和道义主义倾向,并没有对错之分。在生活实践中,无论多么理智的人,要坚持功利主义也不是容易达到的,我们经常看到人们在两难问题的解决中,会偏离效益最大化,倾向于作出符合他们道德直觉和价值观的选择,因此利益最大化和坚持道德直觉之间的矛盾、竞争关系是一个始终难以解决的困境。

二、道德判断与决策的理论发展

在道德心理学中,道德决策和道德判断的研究一直得到广泛关注,二者在决策对象上存在差异。道德决策更多地涉及自我,指个体面对某个道德情境的多种行为选项时,根据道德准则为自己作出决策。道德判断更多地与他人有关,是个体依据道德准则或者价值观对一个人或群体的特点或行为赋予"好与坏""善与恶""是与非"的道德评价过程。这些道德评价是在一定社会文化背景下,根据道德规范准则所要求的美德而作出的①。

对于道德决策与判断的心理机制,不同历史阶段的道德心理学家从不同角度提出了不同的观点或理论。

(一)认知发展观

瑞士心理学家皮亚杰(Piaget)是道德判断研究的开创者。他开发了一系列"对偶故事",让儿童对故事情境中主人公的行为作出判断,以研究不同年龄儿童的道德判断发展。儿童需要根据故事情境的描述,挑选出每一对故事中行为表现最糟糕的主人公,并询问儿童为什么这样认为。例如,在一个故事中,主人公在帮助妈妈干活的时候不小心把 15 个杯子打碎了;相对应的另一个故事中,主人公为了偷吃东西,打碎了 1 个杯子。研究结果发现,年幼儿童更多地认为第一个故事中的主人公行为更糟糕,因为他打碎了 15 个杯子;而年龄大一些的儿童则认为应为偷吃造成 1 个杯子被打碎的主人公行为更糟糕。可见,年幼儿童的道德判断更倾向于基于行为造成的客观结果,而年长的儿童则更多地关注行为背后的主观动机。皮亚杰将儿童的这两个发展阶段称为他律和自律。处于他律阶段的年幼儿童,往往根据客观规则进行推理,对他人的行为做出好与坏的道德判断,这些规则由权威者制定,儿童认为这些规则是绝对的、不可更改的。随着认知水平的提高,进入自律阶段的儿童倾向于认

---

① Haidt, J. (2001). The Emotional Dog and Its Rational Tail: A Social Intuitionist Approach to Moral Judgment. *Psychological Review*, 108(4), 814–834.

为,客观的规则是相对的,是可以改变的,不再刻板地依据客观规则作出道德判断,会考虑该行为发生的具体情境。

美国教育心理学家柯尔伯格(Kohlberg),在皮亚杰的基础上,利用"两难故事法"创建了道德冲突情境,进一步探索儿童道德判断的发展。两难故事"海因兹困境"作为经典的道德决策实验范式,被广泛应用于儿童及青少年的道德判断与推理发展研究。最初故事的大意是:"海因兹的妻子身患重病,濒临死亡,只有一种药物可以治好妻子的病,药店出售这种药,但是药店老板故意卖高价,海因兹的钱不够买药,向亲友借也凑不到足够的钱,海因茨请求药店老板便宜一些,或者允许赊账,但是被拒绝。于是海因兹计划去药店偷药来救妻子。"被试需要回答的问题是:"你觉得海因兹该不该偷药,理由是什么?"通过对儿童的回答进行分析,结果表明,不同年龄段的儿童在道德推理及判断上存在差异。道德推理对道德判断起到决定性作用,被试采用推理方式不同,会导致作出不同的回答。而且,同龄儿童中会出现推理方式的不同,这样他们对主人公行为的道德判断也会不同。根据这个研究结果,柯尔伯格提出了著名的道德判断发展阶段理论模型。他认为按照推理方式的差异,个体道德发展可以划分为三个水平六个阶段,包括前习俗水平,习俗水平和后习俗水平,前一阶段的道德推理得到充分发展才能进入下一阶段。处于前习俗水平的儿童在道德推理过程中是基于他律的,往往无主见地遵守具体行为规范和道德准则,从行为结果角度出发作出道德推理判断。具体分为两个阶段:第一阶段是惩罚和服从定向阶段,儿童根据主人公行为的后果,而不是道德准则,来判定行为的正确与否。处于这个阶段的儿童会作出赞成或者反对两种回答,赞成者认为海因兹先提出了请求,不应该受罚,反对者认为偷药会受到责罚,所以是错的。第二阶段是工具性相对主义定向阶段,处在这个阶段的儿童会根据自己需要的满足情况作出判断,不再完全根据客观规则。处于习俗水平的儿童在作出判断时,已经不再依赖行为的表面结果,他们能够理解家庭、集体和国家层面的期望,意识到人际关系和社会秩序等社会性规则。这一水平包括两个阶段:第一阶段是"好孩子"定向阶段,认为好的行为就是对他人有帮助性的,被他人所赞许的行为;第二阶段是维护法律和社会秩序定向阶段,认为好的行为是尊重权威和法律、维护社会秩序。处于后习俗水平儿童的道德推理是基于社会契约和普遍道德原则等规则,道德判断更为自律自觉。包括两个阶段:第一阶段是契约定向阶段,认为正当的行为是被全社会所认可的,与上一阶段不同的是,可以根据社会功利的理由对法律和秩序进行调整;第二阶段是普遍伦理原则定向阶段,公正与对等被认为是道德判断的普遍伦理原则。

上述两个道德发展理论,都提到了行为背后动机的重要性,例如,道德判断水平发展到一定阶段的儿童能够根据行为的动机而不是行为的直接结果来判断行为的好坏。但是二者均强调了道德推理在道德判断中起到的关键作用,仅对道德判断中认知的成分进行了分析,没有进一步关注情绪对于道德判断的影响。

(二)社会直觉模型

在皮亚杰和科尔伯格提出道德的认知发展理论之后,研究者逐渐开始关注道德判断中的情感因素。道德判断直觉模型(the social intuition model)由海德特(Haidt)提出。[①] 该模型认为情绪诱发出快速的、自动评估的道德直觉,道德判断是依靠道德直觉产生;当各种直觉之间发生冲突时,会出现一个缓慢的、有意识的道德推理过程,也就是说,道德判断的理性推论,发生在道德直觉之后。

社会直觉模型认为,道德判断涉及直觉系统和推理系统。情绪在道德判断的直觉加工中起到主要作用,理性的推理认知过程通常发生在道德判断之后,是一种对道德判断的补充性事后解释。直觉加工的过程是由情绪驱动的,情绪触发的直觉在很短的时间内自动完成道德判断,道德推理只有在有需要的时候才会缓慢地在道德判断后出现。社会直觉理论关注到了情感判断中认知和情感加工的互动关系,但是强调了情绪的主导作用,认为道德推理很难改

---

① Haidt, J. (2001). The Emotional Dog and Its Rational Tail: A Social Intuitionist Approach to Moral Judgment. *Psychological Review*, 108(4), 814-834.

变由道德直觉产生的道德判断。

道德直觉是指突然出现我们意识中关于某事物或事件的"好与坏""喜欢或不喜欢"的道德判断。在进行这种判断时人们无法意识到已经经历的搜索、权衡或推断的步骤,如人们在听到一件事后立刻作出赞成或不赞成的决定。该模型中,直觉的机制主要是在头脑中产生内在的感觉、隐喻并躯体化。

现实生活中的一些现象,为社会直觉模型的道德判断形成提供了证据支持。其中道德失声模型(rationalist models)非常形象地描绘了我们在作出道德判断时经常发生的现象。当我们作出道德判断或评价后,有的时候不能说清楚依据的是什么或者不能说明为什么这么判断,这就是道德失声。研究者指出,如果道德判断是由道德推理产生,那么就不会出现无法回答判断理由的情况,因此道德判断来自迅速的、自动的道德直觉。

社会直觉模型认为,道德判断由六个主要的环节或过程组成。第一个环节是直觉判断(the intuitive judgment link):在道德直觉的作用下,道德判断会自动化地出现在个体的意识中;第二个环节是事后推理(the post hoc reasoning link):该环节是个体作出道德判断后,努力寻找证据支持自觉地论断的过程;第三个环节是理性劝服(the reasoned persuasion link):道德推理是为了向他人证明自己已作出的道德判断。该理论认为,个体的道德立场通常含有情感成分,所以该理论假设,理性劝服并不是依靠提供逻辑上合理的论据,而是通过引发听者新的情感价值直觉来完成;第四个环节是社会劝服(the social persuasion link):个体同朋友、熟人等征询意见、讨论自己的道德决策,他人作出道德判断这一事实会对个体产生直接影响;第五个环节是理性判断(the reasoned judgment link):人们的逻辑推理有时会超越最初的直觉,通过逻辑推理后进行判断。这种情况极为罕见,主要发生在初始直觉薄弱和加工处理(processing capacity)能力强的情况下;最后一个环节是个人反思(the private reflection link):即"内心的对话",在某种情况下,个体自发激活的新的直觉与最初的直觉判断可能会相互矛盾,从不同的角度思考问题可能会导致多种直觉的相互竞争,最终的判断基于最强烈的直觉或者从理性规则基础上的备选方案中进行选择。

社会直觉模型认为,当我们看到或听到某个事件时,会立刻产生一个赞同或者不赞同的道德判断。这种感觉自动出现在意识中,毫不费力,未经过任何搜索、权衡、推断或论证就会出现,充满了带有情感色彩的直觉。这些直觉来自自然选择以及社会文化力量的塑造。人们理性的道德推理过程,是为预先的直觉寻找支持性论据。因此,情绪是道德判断的主导性决定因素,而认知加工是在道德判断产生后的一种补充。

(三) 双加工模型

在社会直觉模型基础上,格林等人(Greene)①基于认知神经科学研究成果,提出了道德判断的双加工模型(dual-process model)。该模型认为道德判断是理性认知和感性情绪共同作用的结果,包括两个过程。认知过程即道德推理,发生相对比较缓慢,需要意识参与,占用认知资源;情绪过程即道德直觉,发生过程迅速,是无意识的自动加工,较少占用认知资源。道德判断是认知和情绪两个加工过程互相竞争的结果。

格林等人借助道德两难实验室研究范式,利用功能磁共振成像技术,探查了道德两难困境中个体在作出道德决策时的大脑活动状况。结果发现,在道德—个人困境条件下,与社会—情绪加工相关的脑区得到更大的激活(例如内侧额回、后扣带回和双侧颞上沟区),在道德—非个人和非道德条件下,与工作记忆有关的脑区得到了更大的激活(例如背外侧前额叶和顶叶区域);将这些成像数据与行为联系起来,对受试者的反应时间进行分析,结果发现对"道德—个人困境"的理性行为评价为"可以接受"时反应时更长,评价为"不可以接受"时的反应时更短;对"道德—非个人困境"的选择评价为"可以接受"时反应时最短;其他条件下不存在显著差异。个体在进行"道德—个人困境"决策时,认知和情绪加工如果存在冲突,那么反应时最长。该研究结果表

---

① Greene, J. D., Nystrom, L. E., Engell, A. D., Darley, J. M., & Cohen, J. D. (2004). The Neural Bases of Cognitive Conflict and Control in Moral Judgment. *Neuron*, 44 (2), 389-400.

明了个体在"认可"个人道德违规行为时,必须克服负面情绪反应,即认知战胜了情感,作出功利性决策;当个体"不认可"道德违规行为时,会更快地作出道义性决策。①

格林等人认为道德判断可能涉及了不同的心理过程,直觉和认知在个人道德判断中具有重要的作用,而在非个人道德判断中,认知推理的作用更明显。因此与非道德性判断相比,道德判断可能包含更加精细的、不同种类的心理过程,涉及"情"与"理"的冲突。一般来说,"个人道德困境"主要由社会情绪反应驱动,"非个人道德困境"由认知驱动。

为了进一步验证上述观点,格林等人将"个人道德困境"分成了困难和容易两种类型。研究结果发现在困难的情境中,个体的情绪和认知的相关脑区均得到了显著激活。②③ 根据这一系列脑科学研究结果,格林等人提出了道德判断的双加工模型。该模型认为当个体以功利主义的方式(为了更大的利益而认为道德违规是可接受的)作出道德判断时,这种反应不仅涉及推理,也含有认知控制的成分,以克服两难困境引发的社会情绪。

格林等人通过对道德判断过程中的认知和情感加工进行进一步的深入研究,提出在道德判断过程中,"认知"和"情感"都具有关键作用,二者并不是对立关系,而是一定程度上的竞争关系。双加工模型认为,当情绪作为判断的主导力量时,个体倾向于作出"道义性"的道德判断;与之相反,在认知主导下的个体会作出"功利性"判断,侧重决策判断的实际效用。总体来看,情绪诱发的道德情感直觉发生于道德认知加工之前,但是并不像社会直觉理论所提出的那样,直觉总是占据主导地位。认知能够对道德直觉进行调节和控制,当个

---

① Greene, J. D., Sommerville, R. B., Nystrom, L. E., Darley, J. M., Cohen, J. D. (2001). An fMRI investigation of emotional engagement in moral judgment. *Science*, 293 (5537), 2105—2108.

② Greene, J. D., & Haidt, J. (2002). How (and where) does moral judgment work? *Trends in Cognitive Science*, 6, 517—523.

③ Greene, J. D., Nystrom, L. E., Engell, A. D., Darley, J. M., & Cohen, J. D. (2004). The Neural Bases of Cognitive Conflict and Control in Moral Judgment. *Neuron*, 44 (2), 389-400.

体遇到道德的两难情境时,直觉和推理两个系统可能产生冲突,最终的道德判断是二者进行竞争的结果。①

第三节 实证研究

一、社会决策中认知和情绪的交互作用

(一)引言

　　复杂的社会情境往往会使人们的行为偏离经济人假设,令理性决策公理解释乏力。② 研究者从不同角度出发提出了多种理论和模型,试图揭示特定社会情境对行为决策发生影响的内在心理机制。其中社会预期最初是从认知层面关注社会互动过程中的预期判断对决策的影响。社会预期来自社会文化背景下,群体成员共同遵守的社会规范、道德准则和社会习俗的内化。在特定社会情境下,他人会对我们的行为作出符合社会规范的预期,而我们对自身行为是否适宜的判定也源于该行为是否符合他人预期的认知。可见,预期在社会互动中对个人的决策行为将产生重要的影响。研究者发现在特定社会情境中,基于决策背景信息的预期会改变个体的决策结果。例如,有研究发现,在谈判任务中,如果被试发现对手表现出气愤的情绪,那么他更愿意作出让步,因为气愤让被试预期到这就是对手的底线。③ 在另外一项研究中,被试在信

---

　　① Crone, D. L. & Laham, S. M. (2017). Utilitarian preferences or action preferences? De-confounding action and moral code in sacrificial dilemmas. *Personality & Individual Differences*, 104, 476-481.

　　② Güth, W., Schmittberger, R., & Schwarze, B. (1982). An experimental analysis of ultimatum bargaining. *Journal of Economic Behavior and Organization*, 3(4), 367-388.

　　③ Van Kleef, G. A., De Dreu, C. K. W., & Manstead, A. S. R. (2004). The interpersonal effects of anger and happiness in negotiations. *Journal of Personality and social psychology*, 86(1), 57-76.

任博弈前获知同伴积极或者消极的个人道德描述信息,结果发现这种前导社会性信息会影响被试的信任行为,被试的决策不再由同伴的实际行为决定,对同伴行为的预期使其决策发生偏差。[①]

近期一项脑成像研究发现,预期违背可能被大脑加工为一种情绪性信号,促使个体的行为遵从社会规范。[②] 研究采用最后通牒博弈(ultimatum game,UG)范式,被试设定为回应者一方。通过为被试提供"典型"提议方案的信息,使其形成对提议方案不同的预期。这种典型提议方案反映了大多数人在这种特定情境下如何做的社会规范。在这种社会规范影响下,被试会形成一种特定的信念(即社会预期)作为行为的参照点,从而影响其决策行为,结果发现被试更倾向于拒绝与预期相违背的不公平分配。脑成像结果显示,违背预期激活的脑区包括前脑岛(anterior insula)、背外侧前额叶(dorsolateral prefrontal cortex,DLPFC)和前扣带回(anterior cingulate cortex,ACC),其中 ACC 在预期违背中起到关键的作用。还有研究者发现,在决策任务中,被试选择合作的原因是为了不让合作伙伴失望,也就是说,内疚情绪驱使被试选择合作行为。[③] 脑成像结果显示,这一决策过程激活的脑区同样涉及 ACC。在之前的研究中发现,ACC 参与负性情绪和认知控制加工过程,此区域与很多其他预期效应相联系,如安慰剂效应[④]、顺从他人的期望[⑤]等。研究者基于上述两项

① Delgado, M. R., Frank, R. H., & Phelps, E. A. (2005). Perceptions of moral character modulate the neural systems of reward during the trust game. *Nature Neuroscience*, 8(11), 1611–1618.

② Chang, L. J., & Sanfey, A. G. (2013). Great expectations:Neural computations underlying the use of social norms in decision–making. *Social Cognition and Affecivet Neuroscience*, 8(3), 277–284.

③ Chang, L. J., Smith, A., Dufwenberg, M., & Sanfey, A. G. (2011). Triangulating the neural, psychological, and economic bases of guilt aversion. *Neuron*, 70(3), 560–72.

④ Wager, T. D., Rilling, J. K., Smith, E. E., Sokolik, A., Casey, K. L., Davidson, R. J., et al. (2004). Placebo–induced changes in FMRI in the anticipation and experience of pain. *Science*, 303(5661), 1162–1167.

⑤ Klucharev, V., Hytonen, K., Rijpkema, M., Smidts, A., & Fernandez, G. (2009). Reinforcement learning signal predicts social conformity. *Neuron*, 61(1), 140–151.

脑成像研究结果,提出社会预期发生作用的神经生物学机制与情绪加工密切相关。① 在此之前,有研究者提出他人违反社会规范,会使人感到生气;自己违反社会规范,会使人感到内疚。② 上述脑科学研究成果在神经机制层面为此观点提供了证据支持。

社会预期效应对于深入理解个体在社会互动情境下的决策行为具有重要意义。根据前人研究结果,预期违背引发的负性情绪是社会预期效应发挥作用的基础,表明情绪在经济决策过程中扮演的重要角色。③ 在人际互动情境中,决策者的情绪受到多方因素的影响。其中,个体原有的情绪状态(即情绪背景)对其在决策任务中的情绪和行为有重要的调节作用。④⑤ 情绪背景使个体对事物的判断和评估出现情绪一致性效应。⑥ 个体在正性情绪状态下会对事物作出更加乐观积极的判断,个体在负性情绪状态下会倾向于作出更加悲观消极的判断。此外,有研究还发现,个体在决策过程中倾向于对当前感受到的情绪状态进行错误归因⑦,即认为自己当前的情绪感受完全由当前的事件

---

① Chang, L. J., & Sanfey, A. G. (2013). Great expectations: Neural computations underlying the use of social norms in decision-making. *Social Cognition and Affecivet Neuroscience*, 8(3), 277-284.

② Giner-Sorolla, R., & Espinosa, P. (2011). Social cuing of guilt by anger and of shame by disgust. *Psychological Science*, 22(1), 49-53.

③ Chang, L. J., & Sanfey, A. G. (2013). Great expectations: Neural computations underlying the use of social norms in decision-making. *Social Cognition and Affecivet Neuroscience*, 8(3), 277-284.

④ Pham, M. T. (2007). Emotion and rationality: A critical review and interpretation of empirical evidence. *Review of General Psychology*, 11(2), 155-176.

⑤ 张光楠,周仁来. (2013). 情绪对注意范围的影响:动机程度的调节作用. 心理与行为研究, 11(1), 30-36.

⑥ Albarracin, D., & Kumkale, G. T. (2003). Affect as information in persuasion: A model of affect identification and discounting. *Journal of Personality and Social Psychology*, 84(3), 453-469.

⑦ Gorn, G. J., Pham, M. T., & Sin, L. Y. (2001). When arousal influences ad evaluation and valence does not (and vice versa). *Journal of Consumer Psychology*, 11(1), 43-55.

唤起的,导致对当前事件的评估出现偏差,继而影响决策行为。[1]

根据现有情绪背景对决策任务产生影响的研究结论,如果社会预期发生作用的心理机制是如前人提出的与情绪加工密切相关,那么社会预期对个体社会经济决策的影响很可能受到原有情绪状态的调节。基于此,本研究采用UG范式,通过操作社会规范性信息来启动被试对分配方案的公平性产生不同预期;同时,在进行博弈任务前,用情绪影片来诱发被试产生正性、负性和中性情绪,以探讨不同情绪背景下社会预期对其决策行为的影响。

基于前人研究,我们作出如下推测:(1)在正性情绪背景下,个体将更加乐观,使预期违背引起的负性情绪影响减少,导致被试的决策发生变化,即他们表现出更加倾向于接受不公平分配方案;(2)在负性情绪背景下,个体将更加悲观,使预期违背引起的负性情绪影响增加,导致被试的决策发生变化,即他们更倾向于拒绝不公平分配方案。

(二)研究方法

1. 被试

大学生 90 名,男生 45 名,女生 45 名,平均年龄为 20.42±0.37 岁,视力或矫正视力正常,无色盲,均为右利手。在实验之前将存在心理疾患、药物滥用和皮肤过敏史的被试剔除。

2. 实验材料

情绪电影是以往研究中筛选出的电影片段。[2] 正性情绪电影选择的是《摩登时代》片段,时间是 3 分 20 秒;负性情绪电影是《我的兄弟姐妹》片段,时间是 3 分 27 秒。中性情绪采用一段介绍景物的纪录片,时间是 3 分 24 秒。这些影片片段的情绪诱发效果已经过检验,结果显示能分别诱发出高兴、悲伤

---

[1] Ekman, P. (1999). Basic emotions. In: T. Dalgleish & M. Power (Eds.), *Handbook of cognition and emotion* (pp. 45-60). Sussex, U. K.: John Wiley & Son.

[2] 李芳. (2008). 情绪一致性记忆的发展研究. 博士学位论文, 天津师范大学.

或者中性的目标情绪,诱发效果良好。①

情绪自评量表:情绪评定量表选取了五个情绪形容词为主观报告内容,涉及愉快、悲伤、厌恶、恐惧和愤怒五种基本情绪,采用5级评定(1根本没有,5非常强烈)。

采用UG任务,被试作为回应者一方。共有24轮试验,提议者的性别根据分配方案平均分配,每一轮试验和不同的博弈对手分配金额为10元钱的一笔资金。本研究参考个体在非实验控制下,在博弈中自然真实的提议情况,将分配方案设为公平和不公平两种水平,同时由于本实验着重考虑不公平分配下被试的决策行为,因此在24次分配提议中,8次为公平的分配(¥5:¥5),16次为不公平分配(6次¥9:¥1,6次¥8:¥2,4次¥7:¥3)。24个分配提议顺序随机呈现。

3. 实验程序

实验采用个别施测,具体实验程序如下:

第一步:被试进入实验室,给被试连接上记录生理反应的传感器,要求被试保持平静和放松。

第二步:向被试详细说明UG的实验操作方法,指导语为:"在每轮试验中你将和随机选出的另外一个人共同完成这项实验,你们将就一笔10元的资金进行分配,对方首先提出分配方案,你来决定是否接受或拒绝他/她的提议,如果你选择接受,则资金即这样分配,如果你不接受,则双方收益均为零。一共要进行24轮试验,每次你将和不同的对手配合,你每一次的决策结果都会被保密。实验结束后,将会根据你们在实验中得到的资金总额分配不同价值的奖品。"每个被试在正式实验前都进行练习任务,使其熟悉实验程序,确保完全掌握实验要求。

第三步:情绪诱发任务。向被试说明在UG前要观看一段影片。情绪诱发任务的具体实验流程如下:

---

① 李芳,朱昭红,白学军.(2008).高兴和悲伤电影片段诱发情绪的有效性和时间进程.心理与行为研究,7(1),32-38.

开始→保持平静和放松(120s)→填写情绪自评表1(30s)→指导语1(下面准备观看影片,开始前请保持平静与放松。)(5s)→空屏(30s)→放映影片(约210s)→空屏(30s)→填写情绪自评表2(30s)。

第四步:社会预期启动任务。通过不同指导语,将被试分为高预期组、低预期组。具体指导语如下:

高预期组:"在实验开始前,另外提供给你一个信息,在之前以大学生为提议者进行的最后通牒博弈中,他们作出的提议基本上是趋向平均分配的,也就是说给对方分配的钱数为4元或5元。"

低预期组:"在实验开始前,另外提供给你一个信息,在之前以大学生为提议者进行的最后通牒博弈中,他们作出的提议基本上是趋向不平均分配的,也就是说给对方分配的钱数为1元或2元。"

第五步:开始UG实验。在实验过程中持续采集心理生理指标,直至实验结束。

UG实验的具体实验程序如图1-1所示。

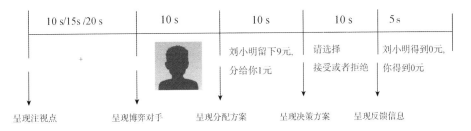

图 1-1　最后通牒博弈的实验流程

4. 实验设计

本实验为3(情绪背景:正性、负性、中性)×2(社会预期:高、低)×4(分配方案:¥5∶¥5、¥7∶¥3、¥8∶¥2、¥9∶¥1)的混合设计,其中情绪背景和社会预期为被试间因素,分配方案为被试内因素。因变量为回应者在不同分配方案下的接受率。

5. 实验仪器

实验采用超级实验室系统(Superlab)呈现刺激并记录被试的反应。该系统刺激呈现与计时精度为 1 毫秒。刺激通过戴尔 17 寸显示器呈现,分辨率为 1024×768,屏幕的背景为白色。被试距离显示器 60cm 处。

生理数据采集使用 16 导生理记录仪系统(BIOPAC MP150)的信号探测器、转换器和放大器等系统,记录被试在实验阶段的皮肤电活动、手指温度和血氧饱和度。

6. 数据采集与分析

根据已有研究,我们选择以下三项生理指标用于分析情绪唤醒状态:

(1)血氧饱和度。将 TSD 光敏传感器连接于左手拇指,电极连接在生理记录仪的光电容描记放大器 PPG 模块上,采样率为 200Hz。

(2)皮肤电。实验开始前,用 75%医用酒精擦拭安电极处,将 Ag/AgC1 电极分别缠在被试左手食指以及无名指的末端指腹上,电极连接在生理记录仪的皮肤电反应放大器 GSR100C 模块上,采样率为 200Hz。

(3)手指温度。将 TSD102 热敏电阻传感器连接于左手中指的末端指腹上记录皮肤表层温度,电极连接在生理记录仪的皮肤温度放大器 SKT100C 模块上,采样率为 200Hz。

生理采集数据在 Acqknowledge 4.0 软件进行编辑处理。计算出情绪诱发操作中前测阶段(电影放映前的空屏 30s)、后测阶段(电影结束后空屏 30s)的皮电反应、指温、血氧饱和度的均值。后期数据用 SPSS13.0 进行分析。

(三)结果

1. 情绪诱发效果检验

结合主观情绪体验报告和自主神经活动监测两种方式对情绪诱发的有效性进行考察。

（1）情绪的主观体验

被试观看情绪影片之前和之后的情绪自评结果如表1-1所示。首先对观看影片前五种自评情绪感受在三个情绪组间是否存在差异进行单因素方差分析检验,结果显示五种情绪均未产生显著差异。愉快情绪体验:$F(2,89)=0.90,p>0.05$;悲伤情绪体验:$F(2,89)=1.61,p>0.05$;恐惧情绪体验:$F(2,89)=1.46,p>0.05$;厌恶情绪体验:$F(2,89)=1.24,p>0.05$;愤怒情绪体验:$F(2,89)=0.61,p>0.05$。说明被试情绪的初始状态一致,可认为被试来源于相同的总体。

表 1-1　观看影片前后的主观体验变化情况（$M\pm SD$）

指标	正性影片		中性影片		负性影片	
	观看影片前	观看影片后	观看影片前	观看影片后	观看影片前	观看影片后
愉快	2.20±1.03	3.30±0.99	2.30±0.73	2.63±0.81	2.53±0.90	1.53±0.63
悲伤	1.10±0.31	1.16±0.59	1.10±0.31	1.00±0.00	1.00±0.00	2.86±1.11
恐惧	1.16±0.38	1.10±0.31	1.13±0.35	1.03±0.18	1.03±0.18	1.87±1.11
厌恶	1.13±0.43	1.10±0.31	1.10±0.40	1.00±0.00	1.00±0.00	1.17±0.38
愤怒	1.10±0.31	1.13±0.43	1.10±0.31	1.06±0.25	1.03±0.18	1.26±0.52

为了检验影片的情绪诱发效果,对被试观看影片前后的主观评价各维度进行重复测量方差分析。结果显示正性情绪组被试观看影片后,愉快得分显著提高,$F(1,29)=27.20,p<0.001,\eta^2=0.48$。负性情绪组被试观看影片后,愉快得分显著降低,$F(1,29)=62.14,p<0.001,\eta^2=0.68$;悲伤得分显著升高,$F(1,29)=85.47,p<0.001,\eta^2=0.75$。被试观看中性影片前后,所有情绪体验项目得分均无显著差异（$ps>0.05$）。

（2）情绪诱发的生理数据

三组被试生理反应的基线水平和观看影片后的生理数据如表1-2所列。首先对三组被试在观看影片前生理基线水平进行单因素方差分析,以三个生理指标在基线阶段的均值为因变量。结果显示,三个生理数据基线值差异都不显著。血氧饱和度:$F(2,89)=0.31,p>0.05$;皮电:$F(2,89)=1.04,p>$

0.05;指温:$F(2,89)=1.00,p>0.05$。说明了三组被试在生理基础值上存在等组性。

表 1-2 　观看影片前后的生理指标变化情况($M\pm SD$)

指标	正性影片		中性影片		负性影片	
	观看影片前	观看影片后	观看影片前	观看影片后	观看影片前	观看影片后
血氧（%）	97.73±0.66	98.06±0.58	97.86±0.73	97.97±0.70	97.85±0.73	98.12±0.69
皮电（μs）	2.89±0.45	3.01±0.51	2.75±0.44	2.82±0.46	2.75±0.45	2.84±0.41
指温（℉）	76.04±6.60	76.89±6.61	73.43±8.09	73.56±7.88	73.87±8.19	74.86±8.65

为了检验情绪的诱发效果,分别对正性、中性以及负性情绪组在观看影片前后的生理指标均值进行重复测量方差分析。结果显示,正性情绪组被试在观看影片后三个生理指标显著升高,血氧饱和度:$F(1,29)=10.62,p<0.01$,$\eta^2=0.27$;皮电:$F(1,29)=4.54,p<0.05,\eta^2=0.14$;指温:$F(1,29)=7.53,p<0.05,\eta^2=0.21$。负性情绪组被试在观看影片后三个指标显著升高,血氧饱和度:$F(1,29)=9.76,p<0.01,\eta^2=0.25$;皮电:$F(1,29)=5.70,p<0.05,\eta^2=0.16$;指温 $F(1,29)=5.33,p<0.05,\eta^2=0.16$。中性组被试在观看影片前后血氧、皮电、指温三个指标差异均不显著($ps>0.05$)。

2. 回应者的行为决策结果

三组被试在不同分配方案下的接受率如表 1-3 所列。

表 1-3 　不同分配方案下的接受率(%)情况($M\pm SD$)

组别	高预期				低预期			
	¥5:¥5	¥7:¥3	¥8:¥2	¥9:¥1	¥5:¥5	¥7:¥3	¥8:¥2	¥9:¥1
积极情绪	100.00±0.00	84.00±15.77	59.47±20.39	21.67±20.85	100.00±0.00	90.60±26.97	60.00±33.81	23.33±19.97

组别	高预期				低预期			
	￥5:￥5	￥7:￥3	￥8:￥2	￥9:￥1	￥5:￥5	￥7:￥3	￥8:￥2	￥9:￥1
中性情绪	100.00 ±0.00	56.67 ±27.50	26.67 ±11.44	11.67 ±12.91	100.00 ±0.00	78.33 ±24.76	55.00 ±40.31	26.67 ±29.07
悲伤情绪	98.33 ±6.46	57.27 ±39.34	21.67 ±24.76	5.00 ±10.35	100.00 ±0.00	84.53 ±27.73	53.33 ±28.14	25.00 ±21.12

对被试在 UG 中的接受率进行重复测量方差分析,其中社会预期和情绪背景为被试间因素,提议方案为被试内因素。由于被试在公平分配条件下(￥5:￥5)的接受率接近 100%,本研究着重考虑不公平提议下(￥7:￥3、￥8:￥2、￥9:￥1)被试的决策行为。统计结果显示:(1)分配方案的主效应显著,$F(3,252)=323.78,p<0.001,\eta^2=0.79$。进一步事后检验发现,四种分配方案之间的接受率均存在显著差异,最不公平的分配方案￥9:￥1 条件下的接受率最低;(2)社会预期的主效应显著,$F(1,84)=17.442,p<0.01,\eta^2=0.172$。高预期组的接受率显著低于低预期组;(3)情绪背景的主效应显著,$F(2,84)=5.849,p<0.05,\eta^2=0.122$。事后检验发现,正性组的接受率显著高于中性和负性组。中性和负性组差异不显著;(4)社会预期和情绪背景的交互作用显著,$F(2,84)=3.130,p<0.05,\eta^2=0.07$,结果如图 1-2 所示。

进一步简单效应分析显示,负性组和中性组表现出社会预期效应,在高预期条件下的接受率显著低于低预期条件。$F(1,84)=12.64,p<0.01,\eta^2=0.31;F(1,84)=7.55,p<0.05,\eta^2=0.21$,正性组在不同预期下的接受率没有显著差异。

从不同预期水平上分析情绪背景间的差异,结果发现,在高预期条件下,不同情绪背景之间差异显著,$F(2,84)=12.86,p<0.001,\eta^2=0.38$。事后检验发现,正性组的接受率显著高于负性组和中性组,在低预期条件下,不同情绪背景间的接受率差异不显著。

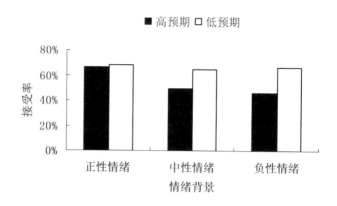

图 1-2　高预期组和低预期组在 3 种情绪背景下的决策情况

(四)讨论

本研究的目的是探索不同情绪背景对 UG 中社会预期效应产生的影响作用。在进行博弈任务之前,通过高兴和悲伤的影片片段唤起被试相应的正性或者负性的情绪并且采用主观报告与生理指标相结合的方法对影片的情绪唤起效果做评估。本研究之所以选择高兴和悲伤来诱发正性或负性的情绪背景,是考虑到这两种情绪可以很好地与决策任务本身产生的友好或者愤慨的情绪相区分。[1][2][3] 此外,研究显示,这两种基本情绪可以有效地引发个体不同的行为倾向,即趋利和避害[4],符合本研究的实验目的。

本研究选取的生理指标为皮肤电、指温和血氧饱和度,这三个生理指标被

[1]　Sanfey, A. G., Rilling, J. K., Aronson, J. A., Nystrom, L. E., & Cohen, J. D. (2003). The neural basis of economic decision-making in the ultimatum game. *Science*, 300 (5626), 1755-1758.

[2]　王芹. (2010). 即时情绪对社会决策影响的发展研究. 博士学位论文, 天津师范大学.

[3]　王芹, 白学军, 郭龙健, 沈德立. (2012). 负性情绪抑制对社会决策行为的影响. 心理学报, 44(5), 690-697.

[4]　Davidson, R. J. (2003). Affective neuroscience and psychophysiology: Toward a synthesis. *Psychophysiology*, 40(5), 655-665.

认为反映了自主神经系统的活动状况。皮肤电反应和手指温度可作为情绪唤醒强度的参数,血氧饱和度是呼吸循环的重要生理指标。[①] 本研究的诱发效果评估显示,观看高兴或悲伤影片后,被试的血氧饱和度、皮电反应、指温都显著升高,说明个体的情绪性生理反应增强;同时,主观体验成绩及生理反应指标的变化呈一致趋势,这说明情绪诱发的操作有效地唤醒了被试的目标情绪。[②]

对 UG 中被试面对不公平提议的决策行为数据进行分析,结果显示,在中性情绪背景下,被试表现出了明显的社会预期效应。当高预期组和低预期组被试在博弈任务中面对同样的不公平分配方案时,对分配数额的不同预期显著影响被试的接受率。具体来说,被试在高公平社会规范信息的影响下形成的对分配数额的高预期,即被试在面对真实分配方案之前,认为博弈对手会遵循社会规范,将金钱很公平地分给他们。这种预期与实际分配方案的落差使他们更倾向于拒绝不公平的提议。这与桑菲[③]的研究结果一致。可见博弈中被试的决策不仅取决于个体既有的公平观念和标准,还受社会预期的影响。

正性情绪背景下 UG 的行为数据结果支持了研究假设。背景性高兴情绪使社会预期效应消失,即对分配结果不同的预期没有影响被试的决策结果。本研究显示,高兴的情绪背景对预期违背引发的负性情绪似乎存在抵消作用,表现为即使与预期相违背,被试也倾向于接受不公平提议。进一步数据分析显示,正性情绪背景仅对高预期条件下的接受率产生作用。在低预期条件下,不同情绪背景之间的接受率差异不显著。我们认为,此结果可能源于不公平分配的接受率存在天花板效应。在桑菲的研究中,无预期组和低预期组的接受率没有出现显著差异。研究者认为预期效应只在一定范围内发挥作用,无

---

① 李芳,朱昭红,白学军. (2008). 高兴和悲伤电影片段诱发情绪的有效性和时间进程. 心理与行为研究, 7(1), 32-38.

② 王芹,白学军. (2010). 最后通牒博弈中回应者的情绪唤醒和决策行为研究. 心理科学, 33(4), 844-847.

③ Sanfey, A. G. (2009). Expectations and social decision-making: Biasing effects of prior knowledge on Ultimatum responses. *Mind & Society*, 8(1), 93-107.

论回应者对分配提议的预期有多低,一些不公平分配还是无法被接受。其他一些研究也显示,在 UG 中,决策因素的改变,如增大分配钱数等,很难使回应者面对不公平提议时的接受率显著高于 50% 的平均水平。[①] 本研究的结果也支持了这一观点,在低预期条件下,正性情绪背景对不公平提议的接受率没有产生显著影响。

从研究结果上看,悲伤情绪背景似乎没有对社会预期效应造成显著影响,这与我们的假设不同。按照逻辑从情绪体验上推测,悲伤的背景性情绪会使预期违背引发的生气情绪加剧,从而造成 UG 的接受率降低。但实验结果显示,与中性情绪背景相比较,在悲伤情绪背景下对分配提议的高预期并没有引起被试更多地做出拒绝的决策。我们认为第一个可能的原因是,悲伤的情绪可能使被试对分配提议作出偏低的估计。有研究显示,抑郁个体对 UG 分配提议的估计更加理性,认为提议者作出公平分配的可能性不大。因此他们在面对不公平提议时更加倾向于作出接受的决策。[②] 在本研究中,虽然通过实验操作引发被试形成了不同水平的预期,但是相对而言,悲伤的个体还是可能对自己面对的分配提议做比较悲观的估计,致使在高预期条件下,与中性情绪组相比,接受率没有出现显著的下降。

另一个可能的原因是悲伤情绪引发的特定评价倾向在决策过程中起到了一定的作用。根据评价倾向理论[③],情绪产生于并且能够唤起特定的评价,这种评价具有动机属性,即评价倾向,会影响个体信息加工的内容、深度以及方

① Henrich, J., Boyd, R., Bowles, S., Camerer, C., Fehr, E., Gintis, H., et al. (2001). In search of homo economicus: Experiments in 15 small-scale societies. *American Economic Review*, 91(2), 73-79.

② Harlé K. M, Allen J. J, & Sanfey A. G. (2010) The impact of depression on social economic decision-making. *Journal of Abnormal Psychology*, 119(3): 440-446.

③ Lerner, J. S., & Keltner, D. (2000). Beyond valence: Toward a model of emotion specific influences on judgment and choice. *Cognition and Emotion*, 14(4), 473-493.

式。悲伤情绪源于丧失和无助①,会引发个体形成潜在的改变环境的目标。例如,一个人在感到悲伤的时候往往会给自己买礼物作为补偿。② 因此我们推测,悲伤的背景性情绪与预期违背引发的生气情绪并没有发生简单的累加效应,接受分配者的提议以便获得金钱的回报,可能在被试的决策心理加工中起到一定的作用。当然,要更加清晰地认识在此期间认知、情绪与决策之间的作用关系,需要未来更多的研究作出进一步探索。

(五)结论

本研究条件下可得如下结论:(1)在正性情绪背景下,面对不公平提议时,对分配方案的高预期不再使被试更多地作出拒绝决策。(2)在中性情绪背景和负性情绪背景下,被试在 UG 中表现出显著的社会预期效应,即面对不公平提议时,对分配方案的高预期使被试的接受率降低。

二、社会情境中道德两难决策特征研究

(一)引言

道德产生于特定社会文化,它代表了一个社会所推崇的特殊规范和价值观念,引导着社会成员的行为。一定社会文化中的道德观念在社会成员处理人际关系等问题上发挥着重要规范作用。③ 道德观念为社会成员的道德行为提供判断标准和内在动力,促使个体进行自我觉察、自我调节和自我强化。道德观念体系的建立奠定了一个社会的整体风气。

① Keltner, D., Ellsworth, P. C., & Edwards, K. (1993). Beyond simple pessimism: Effects of sadness and anger on social perception. *Journal of Personality and Social Psychology*, 64, 740-752.

② Mick, D. G., & Demoss, M. (1990). Self-gifts: Phenomenological insights from four contexts. *Journal of Consumer Research*, 17(3), 322-332.

③ Haidt, J. (2007). The new synthesis in moral psychology. *Science*, 316(5827), 998-1002.

随着中国社会的快速发展,价值观念的多元化给社会道德建设带来了巨大的挑战。在学校的道德教育中,如何促进学生的道德能力发展,在道德冲突的情境中可以按照社会道德标准辨明是非,克服内心冲突,作出合理的道德判断并付诸行动,是需要教育工作者认真思考的一大课题。

道德能力发展水平往往通过个体面对道德问题或困境时如何作出判断与抉择得以充分体现。[1] 个体的道德判断与决策属于高级心理加工过程,其内在心理机制一直以来受到心理学研究者的关注。对于个体道德决策的首要影响因素的探讨,经历了从强调道德认知作用的理性道德推理观,演变到注重道德情绪、直觉作用的社会直觉理论[2],直至现在,更多的研究支持道德决策的双加工理论[3],强调认知和情绪两因素在个体道德决策中的整合作用。道德认知加工过程一般需要意识过程的参与,是个体有意地进行道德推理,而针对道德问题的情绪加工则更多的是一种自动化的直觉过程,无须意识参与。[4][5]道德判断的双加工模型认为在个体进行决策时,道德认知加工和道德情绪加工这两个子过程彼此之间存在互相竞争的关系,最终可能会形成两种不同的道德决策[6][7],其中受认知控制驱动作出的决策称为功利性道德决策(结果论判断),而受自动内隐的情绪加工驱动作出的决策称为直觉性道德决策(道义

① Greene, J. (2003). From neural ´is´ to moral ´ought´: What are the moral implications of neuroscientific moral psychology? *Nature Reviews Neuroscience*, 4(10), 846-849.

② Haidt, J. (2001). The emotional dog and its rational tail: a social intuitionist approach to moral judgment. *Psychological Review*, 108(4), 814-834.

③ 段蕾,莫书亮,范翠英,刘华山. (2012). 道德判断中心理状态和事件因果关系的作用:对道德判断双加工过程理论的检验. 心理学报, 44(12), 1607-1617.

④ Greene, J. D., Cushman, F. A., Stewart, L. E., Lowenberg, K., Nystrom, L. E., & Cohen, J. D. Pushing moral buttons: The interaction between personal force and intention in moral judgment. *Cognition*, 111(3), 364-371.

⑤ 任俊,高肖肖. (2011). 道德情绪:道德行为的中介调节. 心理科学进展, 19(8), 1224-1232.

⑥ 罗乐. (2010).道德情绪与道德认知对大学生道德两难判断的影响研究[D]. 西南大学心理学院硕士学位论文,5-15。

⑦ 李占星,朱莉琪. (2015).道德情绪判断与归因:发展与影响因素[J]. 心理科学进展,23(6),990-999.

论判断)。例如,在经典电车困境中,基于认知加工过程的决策来自利益最大化的理性逻辑推理,在利益权衡的驱动下,个体倾向于作出功利性决策,即愿意以牺牲少数人的性命为代价去挽救更多人的生命。而在天桥困境中,由于题目的设计,施救需要个体做出更直接伤害他人身体的行为,具有更高的情感卷入度,强烈的负性情绪使人们作出直觉驱动决策,不愿意伤害一个人而去挽救更多人的生命,从而作出道义性决策。

经典的道德判断范式包括聚焦于道德冲突的两难故事情境以及聚焦于意图与结果变量的道德场景等。[①] 形式基本上是通过文字或图片材料,向被试描述某一道德情境,要求被试根据材料内容作出相应的判断和决策。[②] 其中道德两难故事往往涉及一种两难的情境,个体面对与道德相关的冲突性困境,需要作出功利性或道义性的抉择。目前多数研究采用经典电车困境等材料,但是内容与当前社会存在脱节,故事所述情节在现实生活中很难遇到。本研究所使用的自编道德两难故事选材于中国现实道德生活原型,有效提高了研究的生态学效度。

研究生是未来公民道德建设的中坚力量,道德的形成是其完善人格的一个重要方面,他们的道德状况是其精神面貌的集中体现。与本科生相比,硕士研究生的学习经历以及社会实践经历往往更加丰富。随着我国高校硕士研究生的逐年扩招,这一群体在高校中占据的比例不断增长,对于他们心理特征的研究受到越来越多研究者的关注。现实生活中的决策问题常常与道德相关,探查研究生面对道德问题或困境如何作出判断与选择,准确把握研究生品德心理发展现状与特点,对于研究生道德价值取向的建立和道德行为的引导具有重要的指导意义。

因此,本研究从积极心理学角度出发,使用道德两难情境测验法,探查不

---

① 罗跃嘉, 李万清, 彭家欣, 刘超. (2013). 道德判断的认知神经机制[J]. 西南大学学报(社会科学版),39(3),81-86.

② Lotto, L., Manfirinati, A., & Sarlo, M. (2013). A new set of moral dilemmas: norms for moral acceptability, decision times, and emotional salience. *Journal of Behavioral Decision Making*, 27(1), 57-65.

同道德情绪强度与道德认知水平对研究生道德两难决策的影响,以及这两种影响之间的交互作用,初步探讨在当前社会环境下,硕士研究生这一特殊群体的道德发展状况和道德决策特点。同时,通过对被试在两难情境中作出抉择背后的原因进行心理分析,揭示其决策的德性心理特点,以期对研究生道德教育提供理论依据和数据支持。

(二)研究方法

1. 被试

以来自天津三所普通高校的 132 名在校一年级硕士研究生为研究对象,其中女生 119 人,男生 13 人;文史类 111 人,理工类 21 人;生源地城镇 74 人,生源地农村 58 人;其中独生子女 56 人;有学生干部任职经历 77 人。

2. 实验材料

采用自编的道德两难决策故事,背景选材于现实生活贴近的道德两难情境。实验材料经心理学专业人员的评定和修改,内容具有较高的专家一致性信度。

根据心理距离的亲疏不同,将道德情绪的诱发背景设计为三种情绪强度,亲情、友情和对陌生人的同情。其中,高强度情绪条件下,故事人物与被试具有直系亲属关系,中等强度情绪条件下,故事人物与被试的关系是朋友;低强度情绪条件下,故事人物对于被试来说是没有任何关系的陌生人。

根据利益情境将道德认知的层次设计为个人利益和集体利益,其中,个人利益层面属于低认知水平,集体利益层面属于高认知水平。

道德两难问卷共 30 道题。个人利益和集体利益水平下各有 5 道题,在每种道德认知水平下,有道德情绪强度分别为高、中、低的各 1 道题。以下为道德两难故事示例。

个人利益层面低认知水平

(1)你正在赶去参加一场重要的考试,关系以后的工作评职称。但是路上遇到一个孕妇马上就要生孩子了,周围又没有其他人,如果你送她去医院就有可能赶不上考试。这个时候你会怎么做?

　　A.送她去医院　　　　　　　　　B.继续赶路

　　你这样选择的原因是(　　　　)

　　(2)你正在赶去参加一场重要的考试,关系以后的工作评职称。但是路上遇到一个孕妇马上就要生孩子了,而且她正好是你的朋友,周围又没有其他人,如果你送她去医院就有可能赶不上考试。这个时候你会怎么做?

　　A.送她去医院　　　　　　　　　B.继续赶路

　　你这样选择的原因是(　　　　)

　　(3)你正在赶去参加一场重要的考试,关系以后的工作评职称。但是路上遇到一个孕妇马上就要生孩子了,而且她正好是你的表姐,周围又没有其他人,如果你送她去医院就有可能赶不上考试。这个时候你会怎么做?

　　A.送她去医院　　　　　　　　　B.继续赶路

　　你这样选择的原因是(　　　　)

集体利益层面高道德认知水平

　　(1)你是一次招聘的主要面试官,对最终录用哪位应聘者起决定性作用。一个应聘者找你帮忙走后门,希望能顺利通过面试。这个时候你会怎么做?

　　A.坚持公正面试　　　　　　　B.同意开后门

　　你这样选择的原因是(　　　　)

　　(2)你是一次招聘的主要面试官,对最终录用哪位应聘者起决定性作用。你最好的朋友也是应聘者之一,也来找你帮忙。这个时候你会怎么做?

　　A.坚持公正面试　　　　　　　B.同意开后门

　　你这样选择的原因是(　　　　)

　　(3)你是一次招聘的主要面试官,对最终录用哪位应聘者起决定性作用。你弟弟正好也是应聘者之一,也来找你帮忙。这个时候你会怎么做?

　　A.坚持公正面试　　　　　　　B.同意开后门

　　你这样选择的原因是(　　　　)

3.实验设计

采用2(认知水平:个人利益、集体利益)×3(情绪强度:低、中、高)被试内设计。因变量为被试行为决策结果,其中受情绪驱动的决策称为道义决策,由认知驱动的决策为功利决策。

4. 数据分析

采用 SPSS16.0 进行数据统计分析。

(三) 结果与分析

1. 个人利益层面下研究生道德两难决策特点

个人利益层面下,研究生道德决策行为如表 1-4 所列。

表 1-4　个人利益层面道德决策情况

情绪强度	判断结果	
	道义决策	功利决策
低强度情绪(同情)	78.86%	21.14%
中强度情绪(友情)	94.31%	5.69%
高强度情绪(亲情)	95.12%	4.88%

对不同情绪强度下,个体的道义决策比率进行 χ^2 检验,结果显示,不同情绪强度下个体作出的道义决策比率与功利决策比率之间均存在显著差异。低强度情绪下,$\chi^2 = 40.984$,$df = 1$,$p < 0.001$;中强度情绪下,$\chi^2 = 96.593$,$df = 1$,$p < 0.001$;高强度情绪下,$\chi^2 = 100.171$,$df = 1$,$p < 0.001$。

上述结果表明,在面对个人利益冲突的道德两难困境中,多数参与本次研究的硕士研究生倾向于作出道义性决策,愿意牺牲个人利益去维护他人的利益。随着情绪强度不断上升,即面对的他人从陌生人、朋友到亲人,个体作出道义决策的倾向性随之升高。

对不同强度情绪之间的决策比率进行 χ^2 检验。结果表明,不同情绪强度下,个体的决策比率存在显著差异,$\chi^2 = 16.861$,$df = 2$,$p < 0.001$。对不同情绪强度间的决策比率进行两两比较,结果显示,低强度情绪条件下作出的决策比率显著区别于中强度情绪和高强度情绪,$\chi^2 = 9.634$,$df = 1$,$p < 0.01$;$\chi^2 = $

11.317,$df=1$,$p<0.01$。中强度情绪条件下的决策比率与高强度情绪不存在显著差异,$\chi^2=0.096$,$df=1$,$p>0.05$。

上述χ^2检验结果表明,道德两难困境中,他人与自己的心理距离不同,道德情绪唤醒程度也存在差异,情绪强度对研究生的道德决策存在显著影响。面对友情和亲情,个体更倾向于通过直觉进行决策,从而更多放弃个人利益。值得注意的是,个体面对友情和亲情时的决策比率不存在显著差异,可见友情在研究生心目中占据重要地位,个体将朋友的利益看得与亲人同等重要,这可能与在校研究生的生活和学习经历有关。多年的集体生活使他们对友情非常珍视。

2.集体利益层面下研究生道德两难决策特点

集体利益层面下,研究生道德决策行为如表1-5所列。

表1-5 集体利益层面道德决策情况

情绪强度	判断结果	
	道义决策	功利决策
低强度情绪(同情)	3.25%	96.75%
中强度情绪(友情)	35.77%	64.23%
高强度情绪(亲情)	44.72%	55.28%

对不同情绪强度下,个体的决策比率进行χ^2检验,结果显示,低情绪强度下个体作出的不同决策之间存在显著差异,$\chi^2=107.520$,$df=1$,$p<0.001$;中强度情绪下个体作出的不同决策之间存在显著差异,$\chi^2=9.959$,$df=1$,$p<0.01$;高强度情绪下个体做出功利和道义决策之间的比率不存在显著差异,$\chi^2=1.374$,$df=1$,$p>0.05$。

上述结果表明,情绪和认知因素在两难困境决策中体现出竞争关系。在集体利益面前,个体在多数时候会坚持理性的判断和决策。当情绪唤醒在低程度时,大多数个体会坚持原则,不受情绪左右。当情绪唤醒程度逐渐升高,个体的决策中情感成分也逐渐增加。尤其当面对亲情和理性原则时,个体表现出明显的矛盾心理,道义决策和功利决策的比率不再有显著的差异。

对不同强度情绪之间的决策比率进行χ^2检验。结果表明,不同情绪强度下,个体的决策比率存在显著差异,$\chi^2 = 16.861$,$df = 2$,$p < 0.001$。对不同情绪强度间的决策比率进行两两比较,结果显示,低强度情绪条件下作出的决策比率显著区别于中强度情绪和高强度情绪,$\chi^2 = 34.687$,$df = 1$,$p < 0.01$;$\chi^2 = 48.355$,$df = 1$,$p < 0.01$。中强度情绪条件下的决策比率与高强度情绪不存在显著差异,$\chi^2 = 1.681$,$df = 1$,$p > 0.05$。

上述χ^2检验结果表明,面对集体利益,个体更倾向于通过理性思维进行决策。与困境中人物心理距离的不同,对研究生的道德决策存在显著影响。随着个体由于人际联系的亲疏形成的情绪唤醒增加,作出道义性抉择的人数随之增加。但是从总体上看,硕士研究生的决策特征体现出对集体利益的自觉维护,在特定情境下,集体利益高于同情、友情以及亲情的影响。可见,本次参与研究的硕士生表现出较高的集体主义公正公平意识。

(四)研究生德性心理分析及教育建议

通过对道德两难故事后进行的行为决策原因(你这样选择的原因是什么?)进行归纳分析,结果显示,在个人利益层面,中强度和高强度情绪下的个体做出的决策主要受情感驱动,友情和亲情是他们在作出决策时考虑的首要因素。在低强度情绪下,部分研究生会考虑到个人利益而作出功利决策。在集体利益层面,个体作出的决策更多的符合社会道德规范,能够主动维护集体的利益。总的来看,研究生群体具有较高的集体主义道德意识,注重亲情和友情,能够在利益冲突情境下,放弃个人利益,维护他人利益;面对集体利益与他人利益的冲突,能够自觉维护社会公正严明的和谐秩序。

从上述研究结果可以看出,道德认知和道德情感两个因素对道德决策共同产生作用,它们为个体的道德行为提供了内在动力。我国的道德教育一直以来受传统主知主义影响,偏向于强调道德认知因素在学生德育发展和道德信念形成中的作用,传统的德育教育往往围绕道德知识学习展开,对于道德情感因素以及情绪对道德认知的影响重视不足。促进道德情绪教育、培养学生积极的情感意识、树立"知情并行"的德育教育理念是提高学校德育教育实效的重要途径。德育工作者应注意把握学生在道德判断过程中的情绪因素,觉察学生的情绪体验和内在情感冲突,从而帮助学生分析自身道德决策的驱动力,从认知和情感两个层面启发学生对于道德问题进行深入思考,多角度引导学生进行道德判断推理,帮助他们树立积极的道德信念,深化社会道德行为规范,从而提高学校德育教育的实效。

(五)研究结论

(1)个人利益层面下,出于对友情和亲情的关注,研究生愿意牺牲个人利益去维护他人的利益。

(2)集体利益层面下,研究生更倾向于通过理性思维进行决策,表现出较高的集体主义公正公平意识。

第二章　情绪的社会功能

第一节 基本情绪与社会情绪

一、情绪的类别划分

情绪对人际互动有着广泛的影响和被影响的关系,人类的众多复杂情绪均来源于与他人的交往互动,体现着重要的社会功能。[1][2] 例如,研究发现不公平和非互惠行为的结果会唤醒个体的负性情绪体验,这些情绪反应促使人们作出决策,以避免被不公平对待。情绪对于生物进化和文明建立具有重要意义,可以巩固互惠行为规范、强调个体社会名誉,并且鼓励对利用他人获得利益的个体进行惩罚的行为。[3]

鉴于情绪的复杂性和多系统性,有研究者将社会情绪与基本情绪划分开,

---

① Frijda, N. H., & Mesquit a, B. (1994). The social roles and functions of emotions. In: S. Kitayama & H. Marcus (Eds.), *Emotion and culture*: *Empirical studies of mutual influenced* (pp. 51–87). Washington, DC: Amer ican Psychological Association.

② Keltner, D., & Haidt, J. (1999). Social functions of emotions at four levels of analysis. *Cognition and Emotion*, 13(5), 505–521.

③ Nowak, M. A., Page, K. M., & Sigmund, K. (2000). Fairness versus reason in the ultimatum game. *Science*, 289, 1773–1775.

作为一个独特的研究领域进行探索。① 社会情绪产生于与他人互动的情境,对社会行为有调节功能。近年来,按照情绪的来源进行划分,社会情绪主要集中在三个方面。(1)来自他人对自身或自身行为的评价所产生的情绪,如内疚、尴尬和自豪等。(2)来自对不同行为方式后果的预期所产生的情绪,例如后悔与嫉妒等。(3)来自人与人之间的情感联结,包括母爱(maternal love/maternal attachment)、恋爱(romantic love)、性爱(sexual love)以及共情(empathy)等。

在神经心理学的研究中,借助脑神经成像技术,如 ERP、PET、EEG 以及 fMRI 等,研究者得以对社会情绪的神经机制进行了深入探索,取得了初步进展。在这个过程中,一直被忽略的情绪影响作为社会决策中的关键因素被凸显出来。来自情感神经科学的研究发现,情绪加工涉及的脑区包括腹侧中部前额叶,眶额皮层,前扣带皮层以及其他区域,比如杏仁核和脑岛。② 研究发现,腹侧中部前额叶损伤导致情感障碍的患者在赌博任务中的表现异于健康被试。

达马西奥(Damasio)提出的躯体标识假设(somatic marker hypothesis)③从情绪自主神经唤醒的角度,揭示了作为躯体生理唤醒指标的皮电反应性与奖惩动机之间的关系。该假设认为较高的皮肤电活动可能是个体对情绪性刺激所产生的动机和适宜性行为的反应。研究充分显示出情绪在决策中扮演的重要角色。

二、道德情绪概念

道德情绪是一种社会情绪,发生于道德情境下,对个体的社会行为起到重

---

① Adolphs, R. (2003). Cognitive neuroscience of human social behavior. *Nature Reviews Neuroscience*, 4, 165-178.

② Dalgleish, T. (2004). The emotional brain. *Nature Reviews Neuroscience*, 5, 583-585.

③ Damasio, A. R. (1994). *Descartes' error：Emotion, reason and the human brain*. New York：Putnam.

要的调节作用。道德情绪指当个体自身或他人行为对情境中的其他人造成一定影响时，个体根据内化的道德准则和规范，对自己或他人的观点和行为进行评判时产生的情绪体验①②。

道德情绪与基本情绪在诱发情境和由此引发的行为倾向上存在重要的差别③，它们也是区分基本情绪和道德情绪的两个因素。首先道德情绪发生于客观的道德情境中，由客观的道德事件诱发或者是由客观事件激发的道德行为诱发。此外，基本情绪常常与个体的自我利益相关联，例如快乐源于自我获益，恐惧源于自我危险感知。道德情绪往往是他人取向，较少涉及自我利益，是客观的、公正的。第二个因素是亲社会动机和行为倾向。道德情绪引发的行为与他人和社会的利益有关。基本情绪引发的行为常常与个体自身适应有关，例如恐惧情绪下的逃跑，悲伤时的寻求安慰。道德情绪的动机和行为倾向是为了他人或社会的福祉，具有亲社会性，例如内疚情绪下个体会对受伤害一方做出亲社会补偿行为。研究者指出，当情绪诱发事件越具有客观公正性，引发的行为倾向越具有亲社会性，情绪的道德属性越典型。

基本情绪和道德情绪在大脑激活区域上存在差异，来自认知神经科学的研究结果为此提供了证据支持。在一项研究中，比较了两种正性情绪唤起时大脑皮层的活动差异：基本情绪中的愉悦和道德情绪中的自豪。结果发现自豪情绪激活了右侧颞上回，左颞极，这些脑区被认为是与社会认知或心理理论的神经基础有关的区域。愉悦情绪激活了腹侧纹状体和脑岛，是与享乐或食欲刺激加工有密切联系的关键脑区。研究结果证实了道德情绪在神经机制上

---

① Eisenberg & Nancy. (2000). Emotion, regulation, and moral development. *Annual Review of Psychology*, 51(1), 665-697.

② 周详, 杨治良, 郝雁丽. (2007). 理性学习的局限：道德情绪理论对道德养成的启示. 道德与文明, (3), 57-60.

③ Haidt, J. (2003). The moral emotions. In R. J. Davidson, K. R. Scherer & H. H. Goldsmith (Eds.), *Handbook of affective sciences* (pp. 852-870). Oxford, England：Oxford University Press.

所具有的独特性。①

三、正性与负性道德情绪

与基本情绪相比,道德情绪是一种产生于社会互动过程中的复合情绪。根据情绪的不同维度,研究者将道德情绪进行了种类划分。

首先,道德情绪可以从情绪效价维度,划分为正性道德情绪和负性道德情绪。正性道德情绪源于积极道德目标,特别是个体为了达到这个目标付出努力时体验到的情绪,如自豪、感激;负性道德情绪源于消极道德目标或者个体的行为是为了达到积极目标却没有付出努力②,如学习上的失败,当个人意识到自己没有付出努力,即违反了努力的道德准则,个体也会体验到高内疚的情绪体验。

积极和消极的划分除了反映在情绪本身,还可以体现在其他方面,例如有研究者从情绪发出积极或消极信号的角度划分道德情绪。积极信号鼓励积极行为的持续,例如同情、感恩和自豪;消极信号对不道德行为起到阻止的作用,如厌恶、羞耻。③ 也有研究者从情绪引发行为倾向的两个相对角度,将道德情绪区分为亲和性和攻击性。亲和性道德情绪,如感激和同情,会促使人们做出积极的亲社会行为。亲和性道德情绪与正性道德情绪并非完全一致,如内疚情绪在效价上属于负性情绪,但是会引发个体做出亲和性补偿行为。攻击性道德情绪往往会引发消极的攻击性行为,如嫉妒和愤怒。

道德情绪还可以依据情绪来源对象的不同,划分为行动者道德情绪和观察者道德情绪。行动者道德情绪指向自我的行为,如内疚和自豪;观察者道德

---

① Hidehiko, T., Masato, M., Michihiko, K., Noriaki, Y., Tetsuya, S., & Moto-ichiro, K., et al. (2007). Brain activations during judgments of positive self-conscious emotion and positive basic emotion: pride and joy. *Cerebral Cortex*(4), 4.

② André Körner, Nadine Tscharaktschiew, Rose Schindler, Katrin Schulz, & Udo Rudolph. (2016). The everyday moral judge - autobiographical recollections of moral emotions. *Plos One*, 11(12), 1-32.

③ Rudolph, U., & Tscharaktschiew, N. (2014). An attributional analysis of moral e-motions: Naive scientists and everyday judges. *Emotion Review*, 6(4), 344-352.

情绪指向他人的行为,例如同情,感恩。①

与行动者和观察者道德情绪的划分方法类似,坦尼(Tangney)等人提出了另外一种道德情绪划分方法,根据情绪指向对象划分,得到了学界的广泛关注。② 研究者将道德情绪区分为自我意识道德情绪和关注他人道德情绪。自我意识道德情绪源于个体根据自身社会道德准则,评价自我或被他人评价时产生的情绪体验。以自我觉察、自我认知为基础,将注意力集中在自我,进行自我反思和自我评价、将事件归因于自我的加工过程,如内疚和羞愧。关注他人的道德情绪来自观察到他人做出了令人称赞的道德行为,并将道德事件归因于他人而产生的情绪,如羡慕、钦佩。自我意识道德情绪可以促进个体的道德行为,避免自身违反道德规范。当个体做出违反道德准则的行为时,自我意识道德情绪会通过自我觉察,促使个体识别并修正自己的不道德行为。关注他人道德情绪则会推动个体以他人的高尚举动为榜样,做出同样维护道德规范的行为。

第二节　情绪对决策的影响

一、情绪在决策研究中的分类

决策研究者为了更好地说明情绪在人们决策行为中起到的作用,从不同角度对情绪作出了种类划分。其中鲁文斯坦(Loewenstein)等人提出的预期情绪和即时情绪的分类拥有较大影响力。③ 他们根据情绪在决策过程中发生的

① Weiner, B. (2006). *Social motivation, justice, and the moral emotional approach*. Lawrence Earlbaum: Mahwah, NJ.

② Tangney, J. P., Stuewig, J., & Mashek, D. J. (2007). Moral emotions and moral behavior. *Annual Review of Psychology*, 58, 345–372.

③ Loewenstein, G. F., Weber, E. U., Hsee, C. K., & Welch, N. (2001). Risk as feelings. *Psychological Bulletin*, 127(2), 267–286.

时程对情绪的作用进行分析,将情绪划分为预期情绪(expected emotions)和即时情绪(immediate emotions),整个过程包括从对决策的思考开始到对预期结果产生情绪体验。①

预期情绪是指与不同行为结果相联系的预期发生的情绪,即结果情绪,是个体相信当结果出现时自己可能感受到的情绪状态。其主要特点是,它们是在决策结果出现时才会体验,而不是在作出决策的时候,在决策的时候它们只是对未来情绪的认知。即时情绪是在决策时实际体验到的情绪,它会对决策的心理过程施加影响,即决策过程情绪。卡尼曼(Kahneman)也作出类似的划分。②

即时情绪又可分为两种:偶发情绪(incidental emotions)和预想情绪(anticipatory emotions)。预想情绪与预期情绪相似,来自对未来决策结果的思考,但是不同于预期情绪的是,它们在决策时就被体验到。例如,在决定是否购买股票的过程中,投资者可能会一想到股票贬值就马上体验到恐惧。

预想情绪在本质和决定因素上与预期情绪存在差异。在预想情绪的驱动下,决策者会选择一种行为方向,而对预期结果以及由此引发的相关情绪体验的认知会将决策者的行为指向相反的方向。例如,许多人在想到乘坐飞机时会体验到强烈的恐惧,即使他们在认知上认为风险是极小的。相反,同样是这个人,对开车不会体验到恐惧,而他能够认识到开车的客观风险要比乘坐飞机大很多。

偶发情绪的产生来自周围环境,也包括决策者既有的慢性情绪状态,这些情绪都会对决策者的行为产生影响。比如,如果天气温暖,阳光和煦,矛盾的投资者在考虑决策时会体验到偶发的愉快,从而提高投资的可能性。需要注

---

① Loewenstein, G., & Lerner, J. S. (2003). The role of affect in decision making. In: R. Davidson, K. Scherer & H. Goldsmith (Eds.), *Handbook of affective science* (pp. 619-642). New York: Oxford University Press.

② Kahneman, D. (2000). Experienced utility and objective happiness: A moment-based approach. In: D. Kahneman & A. Tversky (Eds.), *Choices, values, and frames* (pp. 673-692). Cambridge: Cambridge University Press.

意的是,即时情绪与预期情绪可能会发生分离,因为即时情绪中的偶发情绪与决策任务本身无关。[①]

二、预期情绪对道德决策的影响

从决策的研究历史上,对预期情绪作用的关注远远高于即时情绪,它对决策产生的作用是以认知评估为中介的。例如,在预期效用(EU)理论模型中,情绪因素大多来自对未来决策结果的思考,它们只是对未来情绪的认知,个体的决策被假定为结果主义,期望决策结果实现主观愉悦度的最大化。在道德两难决策情境下,当个体预期到遵守或维护道德规则的行为会使自己体验到积极情绪时,就会更倾向于做出道德行为,但是当个体预期到由于遵守或维护道德规则而体验到消极情绪,而相对应的,满足个人需求会体验到积极情绪时,或者能够使自己避免体验到消极情绪时,就会更多地作出有违道德规范的行为决策。

一些研究者利用两难故事,让参与实验者判断故事主人公的道德决策,并且对做出遵守和违背道德准则行为后的情绪进行预期。研究结果发现,被试对故事中决策者的道德情绪预期对道德决策存在预测作用。被试预期决策者的道德情绪体验越强烈,就会倾向于判断他们会作出道德决策。[②] 有研究者进一步深入考察了亲社会情境和反社会情境中,青少年对遵守规则和个人需求定向下的情绪预期。结果发现在亲社会情境中,如果两难故事中的主人公选择遵守道德规则后无法满足他的个人需要,但是会体验到积极情绪,则个体更倾向于判断故事主人公会作出遵守规则的道德决策。在反社会情境中,若主人公选择遵守道德规则后无法满足他的需求,会体验到消极情绪,则被试更

---

① Loewenstein, G. , & Lerner, J. S. (2003). The role of affect in decision making. In: R. Davidson, K. Scherer & H. Goldsmith (Eds.), *Handbook of affective science* (pp. 619- 642). New York: Oxford University Press.

② Saelen, C. & Markovits, H. (2008). Adolescents's emotion attributions and expectations of behavior in situations involving moral conflict. *Journal of Experimental Child Psychology*, 100(1), 53-76.

倾向于判断主人公会作出追求个人利益和需求的非道德决策。① 我国研究者利用相似的研究范式对青少年的道德情绪预期及道德决策进行研究,结果发现,道德情绪预期对个体的道德决策产生影响,在亲社会和反社会情境中发挥的作用不同。而且我国青少年对反社会情境的情绪预期更强,他们认为反社会行为者会体验到更强的负性情绪。②

三、即时情绪对道德决策的影响

即时情绪是在道德决策时实际体验到的情绪,属于决策过程情绪,对决策的加工起着直接或间接的影响。当个体对道德情境的不同选项进行判断时,会感受到不同的情绪,这就是预想情绪。而偶发情绪不是由道德决策任务本身引发,往往是指个体之前的一种情绪背景,是既有的慢性情绪状态。预想情绪和偶发情绪都会对决策者的行为产生影响。

在道德情绪对决策影响的相关研究证明,个体在道德情境中产生的预想情绪对道德行为存在预测作用。在天桥困境中,被试者一想到需要自己将那个铁路工人推下天桥,就会由于违反道德准则中"不伤害他人"而体验到厌恶等负面情绪,个体为了消除这种情绪,会作出道义性决策,拒绝为了救五个人而牺牲一个人。在电车困境中,由于个体不需要直接做出伤害性的推人行为,只需要操纵按钮,这种情况下造成的负性情绪体验减弱,个体会倾向于从认知角度分析利弊,从而作出结果性决策,为了救五个人而牺牲掉一个人的生命。个体对违反道德准则(伤害他人)产生的负性情绪,在激发道德行为中起到重要的影响作用。

对于偶发情绪的影响,早期研究的重点放在情绪的效价对道德决策产生的影响上。研究发现,虽然决策时的情绪来源与决策情境完全无关,个体的道

---

① Krettenauer, T. , Jia, F. & Mosleh, M. (2011). The role of emotion expectancies in adolescents' moral decision making. *Journal of Experimental Child Psychology*, 108(2), 358–370.

② 李占星, 朱莉琪. (2015). 不同情境中情绪预期对青少年道德决策的影响. 心理科学, 218(06), 99–105.

德决策倾向也是会受到即时情绪的影响。个体积极和消极情绪的情绪背景对道德决策产生不同的影响,一般情况下,积极情绪促使个体对道德决策事件作出乐观评估,而消极情绪则导致更加悲观的道德决策。[①]

研究者从心理加工的不同角度探查了积极情绪和消极情绪的影响机制。一些研究者发现即时情绪使个体对信息加工的选择内容发生系统性偏差,使个体倾向于提取与加工和当前情绪相关的信息,在注意、知觉和记忆等方面出现偏向,进而影响决策。例如,处于愉悦情绪状态下的个体,会更多想起使自己感到愉悦的事情,关注到事件的积极一面,因此作出乐观的决策;而处于消极情绪状态下的个体,更容易回忆出使自己感到难过的事情,更容易受到事件的消极一面影响,因此作出悲观的决策。[②③④]

研究发现,悲伤的情绪会使最后通牒博弈中的回应者更加倾向于拒绝不公平的提议。研究者认为,悲伤情绪对个体的注意偏向产生影响,使回应者的注意力集中到接受分配提议的结果是自己会被不公平对待,体验到负性情绪,而忽略接受提议给自己带来的经济收益,因此会作出拒绝的决策,对分配者的自私行为给予惩罚,使对方也得不到任何好处。[⑤]

一些研究者从加工深度角度指出,消极的情绪比积极情绪引发更多的系

---

① Johnson, E. J., & Tversky, A. (1983). Affect, generalization, and the perception of risk. *Journal of Finance*, 58, 1009–1032.

② Forgas, F. P. (1991). Affective influences on partner choice: Role of mood in social decisions. *Journal of Personality and Social Psychology*, 61, 708–720.

③ Niedenthal, P. M., & Setterlund, M. B. (1994). Emotion congruence in perception. *Personality and Social Psychology Bulletin*, 20, 401–411.

④ Isen, A. M. (1999). Positive affect. In: T. Dalgleish & M. J. Power (Eds.), *Handbook of cognition and emotion* (pp. 521–539). Chichester England: Wiley.

⑤ Harle, K. & Sanfey, A. G. (2007). Incidental sadness biases social economic decisions in the ultimatum game. *Emotion*, 7(4), 876–881.

统加工。①② 愉悦的情绪会让个体觉得"一切没问题",对当前决策任务付出较少的认知努力,倾向于采用启发式加工策略,依赖大脑中既有的知识结构,较少深入加工任务的细节方面;消极情绪状态会引起个体对需要注意的问题产生警觉,倾向于采用系统加工策略,不过多依赖已有的知识结构进行判断,而是将注意力集中在具体决策任务的细节上,付出更多的认知努力。③

在一项道德两难困境实验中,研究者在决策任务之前,让被试观看积极电影片段,诱发其愉悦情绪,考察与决策任务无关的偶发情绪对道德决策的影响。结果发现,在天桥困境中,愉悦情绪条件下的被试道德决策反应时长于控制组被试(观看中性电影片段),而且更多地作出功利性决策,即选择牺牲一个人而拯救五个人。但是在电车困境中,愉悦情绪的诱发对被试的道德决策行为没有产生显著性影响。④

随着情绪研究的推进,研究者对道德情绪类别的关注,从最初的只关注效价(积极和消极)和唤醒度(高唤醒和低唤醒),拓展到特定的具体情绪上。主要原因之一就是一些复杂的情绪难以简单地从正性还是负性上作出划分,这些情绪与道德决策发生场合的关联紧密,如羞耻、嫉妒、厌恶、内疚和自豪等。特定具体情绪的生理反应、主观体验以及对道德决策影响的特异性成为很多研究关注的焦点。

厌恶情绪是人类的一种基本情绪,是人类长期进化过程中,驱动个体远离有害物质的自然选择产物。研究表明,与决策任务无关的厌恶情绪使个体在

---

① Schwarz, N. (1990). Feelings as information: Informational and motivational functions of affective states. In: E. T. Higgins & R. M. Sorrentino (Eds.), *Handbook of motivation and cognition: Foundations of social behavior* (Vol. 2, pp. 527-561). New York: Guilford Press.

② Schwarz, N. & Bless, H. (1991). Happy and mindless, but sad and smart? The impact of affective states on analytic reasoning. In J. P. Forgas (Eds.), *Emotion and social judgment* (pp. 55-72). New York: Pergamon Press.

③ 庄锦英. (2003a). 情绪与决策的关系. 心理科学进展, 11(4), 423-431.

④ Valdesolo, P. & Desteno, D. (2006). Manipulations of emotional context shape moral judgment. *Psychological Science*, 17(6), 476-477.

作出道德评判时采取的标准更加严厉。① 我国研究者利用情绪影片诱发被试与决策任务无关的愤怒和厌恶情绪,考察其在个人道德困境和非个人道德困境两难故事中的决策倾向。结果显示,在"个人道德困境"故事中,厌恶情绪状态下的被试更倾向于作出功利性判断,注重行为的结果,而在"非个人道德困境"中,厌恶情绪对个体的道德决策没有产生显著的影响。②

内疚与羞耻作为自我意识情绪,被证明与道德行为密切相关。研究发现,这两种情绪对个体的行为倾向具有不同的影响。坦尼等人的研究中让被试回忆曾经引发自己内疚和羞耻情绪的事件,诱发出相应的目标情绪,然后考察被试在接下来的任务中,与他人的合作意向。③ 结果发现,内疚组被试表现出更高的合作倾向,他们更愿意与他人合作完成任务,而羞耻组被试则表现出对合作行为的更多回避。羞耻情绪在西方文化中很多时候与低自我价值感以及回避退缩行为有关。但是需要注意的是,羞耻情绪具有文化特异性。我国研究者提出,羞耻对道德行为的影响可能存在东西方的文化差异。在东方文化中,羞耻不会使人产生无价值感,反而会激发个体采取补救的行为来补偿自己可能造成的伤害。④⑤

总之,在道德判断和道德决策的影响因素上,随着科学研究不断深入,道德情绪在人们道德行为中所扮演的角色逐渐凸显出来。在今后的研究中将情绪类型进一步细化,探讨其与认知的交互作用对道德行为的影响将成为研究的一个主要方向。

---

① Wheatley, T. & Haidt. J. (2005). Hypnotic disgust makes moral judgments more severe. *Psychological Science*, 16(10), 780-784.

② 邓康乐. (2012). 消极情绪对道德判断影响的实验研究. 福建师范大学.

③ Tangney, J. P., Miller, R. S., Flicker, L., & Barlow, D. H. (1996). Are shame, guilt and embarrassment distinct emotions? *Journal of personality and social psychology*, 70(6), 1256-1269.

④ 钱铭怡, 刘兴华, 朱荣春. (2001). 大学生羞耻感的现象学研究. 中国心理卫生杂志, 15(2), 73-75

⑤ 俞国良, 赵军燕. (2009). 自我意识情绪:聚焦于自我的道德情绪研究. 心理发展与教育, 25(02), 116-120.

第三节　实证研究

一、核心厌恶与道德厌恶唤醒与适应的特异性

(一)引言

厌恶情绪作为六种基本情绪之一,对于人类的生存、进化和发展有着重要的适应性意义。[1][2] 达尔文在《人类和动物的表情》中提出厌恶是通过感官实际感知到或想象出来的恶心的情绪体验,可以有效驱动个体远离病菌、抵御有害物质摄入,从而预防感染和疾病。[3] 研究者依据诱发物属性将厌恶划分为不同类型,它们在特定情境中为人类的生存和发展提供不同的保护功能。其中,核心厌恶通常指对腐烂的食物、身体排泄物以及一些食腐动物(如老鼠、蟑螂等)产生的厌恶,主要作用在于防止人类摄入有毒或有害物质;道德厌恶指对违反道德规范的人或行为(如欺骗、种族歧视等)产生的厌恶,主要功能

① Curtis, V., Aunger, R., & Rabie, T. (2004). Evidence that disgust evolved to protect from risk of disease. *Proceedings of the Royal Society of London*, *Series B*, 271, S131 – S133.

② Rottman, J., Dejesus, J. M., & Greenebaum, H. (2019). Developing disgust: Theory, measurement, and application. In V. LoBue, K. Perez-Edgar, & K. Buss (Eds.), *Handbook of emotional development* (pp. 283–308). New York: Springer.

③ Darwin, C. (1965). *The expression of the emotions in man and animals*. Chicago, IL: University of Chicago Press. (Original work published 1872).

体现在避开不道德的人、群体或行为,维护社会秩序稳定。①②

厌恶泛化理论认为,不同类型的厌恶情绪均根源于核心厌恶,遵循着"口腔不"到"道德不"的进化路径③,道德厌恶是核心厌恶在社会道德领域的拓展,二者存在同质性。然而近年来这个观点受到越来越多的质疑,研究者认为不同类型厌恶在情绪的不同结构层面上存在特异性。④⑤ 例如,当要求描述由排泄物和由小偷引发的情绪时,虽然个体可能同样用到"厌恶"这一词语,但是人们面对小偷时的情绪体验通常不会是感到"反胃",而更多的是"反感"。⑥ 厌恶的主观情绪体验研究显示,核心厌恶是一种更单纯的厌恶情绪,主要引发远离病菌、避免接触或口腔摄入的情绪反应;道德厌恶往往传递着其他负性情感,个体可能会同时体验到愤怒、轻蔑等情绪。⑦ 二者引发的面部表情也不是完全一致的,核心厌恶下个体的表情更接近于想要呕吐,道德厌恶的表情则更接近于愤怒。

自主神经系统的唤醒是情绪产生的重要特征之一,特定自主反应模式为

① Tybur, J. M., Lieberman, D., & Griskevicius, V. (2009). Microbes, mating, and morality: individual differences in three functional domains of disgust. *Journal of Personality & Social Psychology*, 97(1), 103-122.

② Giner-Sorolla R., Kupfer T., & Sabo J. (2018). What makes moral disgust special? An integrative functional review In J. M. Olson (Ed.), *Advances in experimental social psychology* (Vol. 57, pp. 223-289). Academic Press.

③ Rozin, P., Haidt, J., & Fincher, K. (2009). From oral to moral. *Science*, 323 (5918), 1179-1180.

④ Fischer, A., & Giner-Sorolla, R. (2016). Contempt: Derogating others while keeping calm. *Emotion Review*, 8(4), 346-357.

⑤ Yoder, A. M., Widen, S. C., & Russell, J. A. (2016). The word disgust may refer to more than one emotion. *Emotion*, 16(3), 301-308.

⑥ Sabo, J. S., & Giner-Sorolla, R. (2017). Imagining wrong: Fictitious contexts mitigate condemnation of harm more than impurity. *Journal of Experimental Psychology: General*, 146(1), 134-153.

⑦ Marzillier, S. L., & Davey, G. C. L. (2004). The emotional profiling of disgust-eliciting stimuli: evidence for primary and complex disgusts. *Cognition & Emotion*, 18(3), 313-336.

个体在不同情境下做出适应性行为提供生理唤醒上的必要准备。① 纵观现有研究,对于厌恶情绪的自主神经唤醒模式并没有得出一致性结论②③,其中一个重要原因可能在于不同类型厌恶情绪下自主神经唤醒的模式存在特异性。一项研究比较了生理厌恶和道德厌恶的生理唤醒差异,结果发现生理厌恶使副交感神经系统活动增强,心率变异性升高;道德厌恶出现了不同的反应趋势,表现为副交感活动降低,交感神经活动增强,心率加快。④ 研究结果为不同厌恶情绪的特异性提供了自主神经活动的证据支持。该研究在厌恶刺激的选择上采用了较为宽泛的标准,生理厌恶的唤醒材料是对一个老年人呕吐的描述,没有将核心厌恶、动物本性厌恶和人际厌恶进行区分;道德厌恶的唤醒材料是关于父母子女乱伦,这个主题可能会同时引发道德厌恶和身体违规厌恶,同时还有可能引发性唤醒。因此很难确定被试生理唤醒的不同变化是否完全来源于厌恶刺激的不同类型。另一方面,该研究采集的生理指标仅涉及心血管反应,无法对两种厌恶情绪的自主神经功能特异性提供更多的信息。

当情绪刺激反复出现,又没有实质性的结果发生时,个体会出现适应性,表现为主观情绪体验减弱,中枢神经以及自主神经系统的反应性下降。生活中存在大量可以引发厌恶情绪的刺激,例如,公共卫生间、公园露天的座椅,甚至是呼吸的空气,个体通过回避、重评以及适应等策略来屏蔽掉不必要的感受,节约心理资源⑤,这对于环境适应和生存发展具有重要进化意义。已有研

---

① Stemmler, G. (2004). Physiological processes during emotion. In P. Philippot & R. S. Feldman (Eds.), *The regulation of emotion* (pp. 33–70). Mahwah, NJ: Erlbaum.

② Comtesse, H., & Stemmler, G. (2016). Fear and disgust in women: differentiation of cardiovascular regulation patterns. *Biological Psychology*, 123, 166–176.

③ Shenhav, A., & Mendes, W. B. (2014). Aiming for the stomach and hitting the heart: Dissociable triggers and sources for disgust reactions. *Emotion*, 14(2), 301–309.

④ Ottaviani, C., Mancini, F., Petrocchi, N., Medea, B., & Couyoumdjian, A. (2013). Autonomic correlates of physical and moral disgust. *International Journal of Psychophysiology*, 89(1), 57–62.

⑤ Rozin, P. (2008). Hedonic "adaptation": specific habituation to disgust/death elicitors as a result of dissecting a cadaver. *Judgment & Decision Making*, 3(2), 191–194.

究者采用主观报告法对不同厌恶情绪的适应性差异进行了探索。[1] 结果显示,核心厌恶随着暴露时间的延长而有所减弱,道德厌恶则改变较小、甚至随厌恶刺激反复出现而有所增强。由此研究者提出,核心厌恶和道德厌恶的加工通路存在差异。核心厌恶产生于对刺激的自动加工,道德厌恶则来自对刺激进行解释评估加工。

有研究者指出,虽然自我报告是测量情绪体验的重要指标,但是仅仅依靠主观报告可能无法达到对情绪的全面理解。[2] 根据整合功能理论,道德厌恶除了使个体避开不道德的人或行为,还具有沟通交流的功能。[3] 个体对违反道德规范作出厌恶的评价,是传达自己的社会动机和立场的信号,可能与自身的真实内在体验无关。[4] 社会生活中,个体需要维持亲社会和道德名誉,从而赢得合作、避免被排斥。[5] 公开谴责他人不道德的行为可以提升自身的道德名誉、彰显自己的品德。在实验研究中,被试对反复出现的违反道德规范的事件,在主观情绪体验上报告出更加强烈的厌恶,可能只是一种社会称许性的行为,实际上这个场景并没有引发其更多的厌恶体验,因此有必要结合客观指标对厌恶情绪随时间发展的适应性变化进行评估。本研究参考辛普森等人对厌恶情绪适应性的研究方法,结合心理生理学实验要求对研究范式进行了调整。核心厌恶组和道德厌恶组被试各自重复观看四轮相应厌恶图片,利用填充任

① Simpson, J., Carter, S., Anthony, S. H., & Overton, P. G. (2006). Is disgust a homogeneous emotion? *Motivation and Emotion*, 30(1), 31–41.

② Vartanian, L. R., Trewartha, T., Beames, J. R., Azevedo, S. M., & Vanman, E. J. (2018). Physiological and self-reported disgust reactions to obesity. *Cognition & Emotion*, 32(3), 579–592.

③ Giner-Sorolla R., Kupfer T., & Sabo J. (2018). What makes moral disgust special? An integrative functional review In J. M. Olson (Ed.), *Advances in experimental social psychology* (Vol. 57, pp. 223–289). Academic Press.

④ Kupfer, T. R., & Giner-Sorolla, R. (2017). Communicating moral motives: The social signaling function of disgust. *Social Psychological and Personality Science*, 8(6), 632–640.

⑤ Nowak, M. A., & Sigmund, K. (2005). Evolution of indirect reciprocity. *Nature*, 437, 1291–1298.

务减少前一次观看可能存在的携带效应,通过对主观情绪体验和自主神经唤醒指标的变化进行分析,考察两种厌恶情绪的适应性差异。

已有研究显示,核心厌恶和道德厌恶的主观情绪体验存在性别差异,这可能来源于男女两性的生物学基础和性别角色社会化的差异。① 女性对核心厌恶刺激的厌恶水平更高,但男女两性对社会道德厌恶刺激表现出类似的厌恶程度。有关厌恶敏感性和情绪强度的个体差异研究也显示女性对核心厌恶刺激的敏感性更强,倾向于报告更多的厌恶体验。② 可见,性别差异较稳定地存在于核心厌恶刺激的主观情绪体验上,但是不同性别对厌恶刺激自主神经唤醒的影响还处于争论之中。有研究发现女性面对厌恶刺激时心率显著高于男性③,但也有研究得出不一致结论。④ 本研究重点考察核心厌恶刺激与社会道德厌恶刺激在主观情绪体验和生理唤醒上的特异性,因此为了避免被试性别本身可能对厌恶情绪诱发强度产生的差异性影响,本研究仅选择女性大学生作为研究被试。

本研究的目的是进一步探查核心厌恶和道德厌恶的主观情绪体验、自主神经唤醒以及适应模式的特异性。研究采集了反映自主神经活动不同功能的生理指标,包括心率、心率变异性以及皮电反应。根据前人研究,我们作出如下假设:(1)核心厌恶和道德厌恶的主观情绪体验和自主神经唤醒模式存在差异。核心厌恶的情绪成分更加单纯,伴随副交感神经系统唤醒增强;道德厌恶是一种复合情绪,个体倾向于同时感受到愤怒等消极情绪,伴随交感神经活

① Fleischman, D. S. (2014). Women's disgust adaptations. In V. A. Weekes-Shackelford, & T. K. Shackelford (Eds.), *Evolutionary perspectives on human sexual psychology and behavior* (pp. 277-296). New York: Springer.

② Perkins, A. M., & Corr, P. J. (2006). Reactions to threat and personality: psychometric differentiation of intensity and direction dimensions of human defensive behaviour. *Behavioural Brain Research*, 169(1), 21-28.

③ Suarez, E. C, Saab, P. G., Llabre, M. M., Kuhn, C. M., & Zimmerman, E. (2004). Ethnicity, gender, and age effects on adrenoceptors and physiological responses to e-motional stress. *Psychophysiology*, 41(3), 450-460.

④ Sonja, R., Henrik, H., & Markus, Q. (2008). Gender differences in psychophysiological responses to disgust. *Journal of Psychophysiology*, 22(2), 65-75.

动唤醒增强。(2)核心厌恶对重复出现的刺激产生适应,表现为厌恶体验逐渐降低,副交感神经唤醒逐渐减弱;道德厌恶随着暴露次数增加,在主观情绪体验和生理唤醒上变化不显著。

(二)研究方法

1.被试

随机选取女性大学生 36 名,平均分为核心厌恶组和道德厌恶组。所有被试均为右利手,视力或矫正视力正常,无色盲、色弱现象。剔除由于实验设备以及被试个人问题造成生理记录异常的数据,最终有效被试 32 名,年龄为 20.69±1.615 岁,其中核心厌恶组 16 名,道德厌恶组 16 名。

2.实验材料和仪器

根据核心厌恶与道德厌恶的定义,从互联网上选取 60 张彩色图片,参照前人文献,将图片大小制作为 15.0 厘米×11.6 厘米。[①] 招募 77 名大学生对观看每张厌恶图片后体验到的愉快、厌恶、愤怒、恐惧和悲伤五种情绪的强度和唤醒度进行李克特 7 点评价。筛选出厌恶强度大于 4 的图片,经方差分析,每张图片厌恶强度显著高于恐惧、愤怒、悲伤和愉快情绪评分($ps<0.05$)。然后采用独立样本 t 检验,对两组图片的厌恶强度($p=0.68$)和唤醒度($p=0.33$)进行匹配,筛选得出两种厌恶图片各 10 张。其中核心厌恶图片内容涉及粪便、汗渍、呕吐物、腐烂的食物和苍蝇;道德厌恶图片涉及偷窃、背叛、虚伪、不忠诚和违反公德。

情绪自评量表:参照 Rozin 等人[②]对厌恶情绪的评价方法,被试对观看厌恶图片后体验到的愉快、厌恶、愤怒、恐惧和悲伤五种情绪的强度分别进行李

---

① Simpson, J., Carter, S., Anthony, S. H., & Overton, P. G. (2006). Is disgust a homogeneous emotion? *Motivation and Emotion*, 30(1), 31−41.

② Rozin, P., Millman, L., & Nemeroff, C. (1986). Operation of the laws of sympathetic magic in disgust and other domains. *Journal of Personality and Social Psychology*, 50(4), 703−712.

克特 7 点评价(1 代表没有,7 代表很强)。

实验程序通过 Superlab 系统编程后在戴尔 17 寸的显示屏上呈现,分辨率为 1024×768,屏幕背景为白色,距离被试大约 70 厘米。生理数据采用美国 BIOPAC 公司生产的 MP150 型 16 导生理记录仪实时监测采集。

3. 生理数据采集与分析

(1)心血管系统活动,采用心率(heart rate, HR)和心率变异性(heart rate variability, HRV)指标。使用一次性 Ag/AgC1 电极贴片,将传感器一端以 I 导联方式连接于被试,另一端连接生理仪 ECG100C 模块,采样率为 200Hz。心率变异性使用 HRV 频域分析指标:高频(high frequency HRV, HF-HRV)和低频(low frequency HRV, LF-HRV)。HF-HRV 反映副交感神经系统活性,LF-HRV 在一定程度上反应交感神经系统活性,但是会受到副交感神经系统影响。因此研究使用低频高频比(LF/HF-HRV)代表交感神经系统张力。

(2)皮肤电活动,采用皮肤电导反应(skin conductance responses, SCR)作为皮肤电活动指标。将传感器的一端缠绕在被试左手食指和无名指的末端指腹处,另一端连接生理记录仪的 GSR100C 模块,采样率为 200Hz。皮肤电活动变化反映了个体汗腺分泌的激活,主要受交感神经系统支配。

所采集的生理数据采用 Acqknowledge 4.1 软件进行后期处理。计算出基线以及情绪唤醒和适应各阶段的心率、心率变异性和皮电反应振幅的均值。

4. 实验程序

第一步,被试进入实验室,签署知情同意书之后,连接生理记录仪。要求被试保持放松平静 2 分钟,之后进行情绪自评,以此阶段的生理指标和行为数据作为基线。

第二步,实验正式开始,首先是厌恶情绪唤醒阶段,利用计算机屏幕向核心厌恶组和道德厌恶组被试呈现相应类型的厌恶刺激图片。屏幕中央呈现注视点(1/1.5s),之后随机呈现 10 张厌恶图片,每张图片呈现时间为 10s。被试观看完毕后进行情绪自评,完成后立即进行数脉搏的填充任务 2 分钟。之后重复上述流程,考察厌恶情绪的适应,每组被试均需要观看四轮相应厌恶图片,时间间隔均为2分钟。

第三步,完成第四次重复观看和情绪自评之后,给被试播放一段幽默视频,发放礼品。

具体实验流程如图2-1所列。

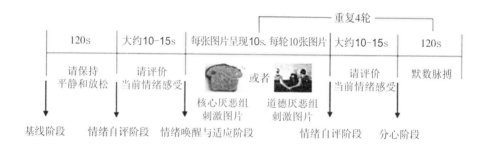

图 2-1　实验流程图

(三) 结果

1. 等组检验

为了检验核心厌恶组和道德厌恶组的主观情绪体验和自主神经反应在基线期是否具有等组性,对五种主观情绪体验和三种生理指标分别进行独立样本 t 检验,结果显示两组之间在各指标上均不存在显著差异($ps \geq .465$)。

2. 核心厌恶和道德厌恶的情绪唤醒

(1)不同厌恶的主观情绪体验评定结果

两组被试在基线期和首次厌恶情绪唤醒期的主观情绪体验结果如表2-1所列。

表 2-1　不同厌恶情绪的主观情绪体验评定情况（$M \pm SD$）

主观情绪体验	核心厌恶组		道德厌恶组	
	基线期	唤醒期	基线期	唤醒期
愉快	4.19±1.05	2.38±0.72	4.81±0.91	2.50±1.10
厌恶	1.38±.81	5.31±0.79	1.69±0.70	5.25±1.06
愤怒	1.31±0.60	3.38±0.50	1.75±0.68	4.56±0.96
恐惧	1.38±0.50	2.88±0.62	1.62±0.50	2.25±0.58
悲伤	1.50±0.73	1.87±0.62	2.00±0.82	3.19±1.28

采用 2（组别：核心厌恶组、道德厌恶组）×2（测量阶段：基线期、唤醒期）的重复测量方差分析，组别为被试间因素，测量阶段为被试内因素。结果表明：①愉快情绪测量阶段主效应显著，情绪唤醒期显著低于基线期，$F(1, 30) = 97.52, p < 0.001, \eta_p^2 = 0.765$。②厌恶情绪测量阶段主效应显著，唤醒期显著高于基线期，$F(1, 30) = 255.32, p < 0.001, \eta_p^2 = 0.895$。③愤怒情绪测量阶段主效应显著，唤醒期显著高于基线期，$F(1, 30) = 170.90, p < 0.001, \eta_p^2 = 0.851$。组别的主效应显著，道德厌恶组显著高于核心厌恶组，$F(1, 30) = 23.58, p < 0.001, \eta_p^2 = 0.440$。组别和测量阶段交互效应边缘显著，$F(1, 30) = 4.05, p = 0.053, \eta_p^2 = 0.119$。简单效应分析显示，道德厌恶组在唤醒期的愤怒情绪显著高于核心厌恶组，$F(1, 30) = 19.13, p < 0.001$。④恐惧情绪的测量阶段主效应显著，唤醒期显著高于基线期，$F(1, 30) = 68.81, p < 0.001, \eta_p^2 = 0.696$。组别和测量阶段的交互效应显著，$F(1, 30) = 11.67, p < 0.01, \eta_p^2 = 0.280$。简单效应分析显示，核心厌恶组在唤醒期的恐惧情绪显著高于道德厌恶组，$F(1, 30) = 8.72, p < 0.01$。⑤悲伤情绪测量阶段主效应显著，$F(1, 30) = 22.38, p < 0.001, \eta_p^2 = 0.427$，唤醒期显著高于基线期。组别的主效应显著，$F(1, 30) = 11.23, p < 0.01, \eta_p^2 = 0.272$。道德厌恶组显著高于核心厌恶组。组别和测量阶段的交互效应显著，$F(1, 30) = 6.05, p < 0.05, \eta_p^2 = 0.168$。简单效应分析显示，在情绪唤醒期，道德厌恶组的悲伤情绪显著高于核心厌恶组，$F(1, 30) = 13.70, p < 0.01$。其他主效应或交互作用不显著。

分别对两组被试在厌恶情绪诱发后的五种主观情绪体验进行重复测量方差分析,结果显示五种情绪之间均存在显著差异,$F(4, 60) = 64.01$,$p<0.001$,$\eta_p^2 = 0.810$;$F(4, 60) = 26.92$,$p<0.001$,$\eta_p^2 = 0.642$。事后检验发现,两组被试的厌恶情绪均显著高于其他四种情绪。

(2)不同厌恶情绪的自主神经唤醒结果

两组被试在基线期和首次情绪唤醒期的自主神经活动情况如表 2-2 所示。

表2-2 不同厌恶情绪的自主神经唤醒($M\pm SD$)

自主神经 反应指标	核心厌恶组		道德厌恶组	
	基线期	唤醒期	基线期	唤醒期
心率(bpm)	86.52±11.34	85.09±10.751	86.02±9.65	88.46±8.73
HF(s^2)	0.004±0.002	0.004±0.06	0.014±0.02	0.003±0.004
LF/HF	1.84±1.01	1.91±1.84	2.16±1.12	2.48±1.24
皮电反应(μs)	1.89±0.78	2.28±1.07	2.62±1.37	3.26±1.88

采用2(组别:核心厌恶组、道德厌恶组)×2(测量阶段:基线期、唤醒期)的重复测量方差检验,对各项生理指标进行分析,组别为被试间因素,测量阶段为被试内因素。结果表明:①心率的组别和测量阶段的交互作用显著,$F(1, 30) = 13.973$,$p<0.01$,$\eta_p^2 = 0.318$。简单效应分析显示,道德厌恶组在情绪唤醒期的心率显著高于基线期,$F(1, 30) = 11.13$,$p<0.01$。②心率变异性 HF 的组别和测量阶段的交互作用显著,$F(1, 30) = 4.35$,$p<0.05$,$\eta_p^2 = 0.127$。简单效应分析显示,核心厌恶组情绪唤醒期的 HF 值显著高于基线期,$F(1, 30) = 6.63$,$p<0.05$。③皮电反应的测量阶段主效应显著,情绪唤醒期的皮电反应显著升高,$F(1, 30) = 10.71$,$p<0.01$,$\eta_p^2 = 0.263$。其他主效应或交互作用不显著。

3. 核心厌恶和道德厌恶的适应性变化

(1)主观情绪体验的适应性变化

对两组被试在厌恶图片首次呈现、第二次呈现、第三次呈现和第四次呈现的五种主观情绪体验自评得分进行重复测量方差分析。以组别为被试间因素,呈现次数为被试内因素。结果表明:①厌恶情绪的测量时间主效应显著,$F(3,90)=12.74,p<0.001,\eta_p^2=0.298$,事后检验发现,在第一次呈现后,厌恶情绪显著高于后3次观看,第二次呈现后的厌恶情绪显著低于第一次观看,第三次呈现后的厌恶情绪显著低于第二次;组别与呈现次数交互作用边缘显著,$F(3,90)=2.92,p=0.058,\eta_p^2=0.089$。简单效应分析发现,核心厌恶组的4次厌恶评价之间差异显著,$F(3,90)=13.16,p<0.001$,第三次呈现后,厌恶体验出现显著下降。②愤怒情绪的测量时间主效应显著,$F(3,90)=2.82,p<0.05,\eta_p^2=0.086$,事后检验发现,在第一次呈现后的愤怒情绪显著高于第四次呈现;厌恶类型的主效应显著,$F(1,30)=12.88,p<0.01,\eta_p^2=0.300$,道德厌恶组的愤怒情绪显著高于核心厌恶组。具体结果如图2-2所示。其他主效应或交互作用均不显著。

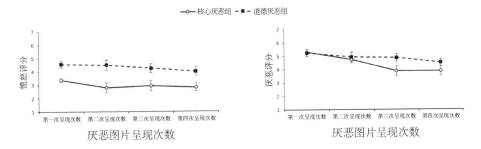

图2-2　不同厌恶情绪的主观情绪体验适应性变化

(2)自主神经唤醒适应性变化

对两组被试在厌恶图片首次呈现、第二次呈现、第三次呈现和第四次呈现的三个自主神经唤醒指标分别进行重复测量方差分析。其中组别为被试间因素,呈现次数为被试内因素。结果显示:①心率变异性HF的组别和呈现次数交互作用显著。$F(3,90)=4.20,p<0.01,\eta_p^2=0.123$。简单效应分析显示,核心厌恶的HF随呈现次数的增多出现显著变化,$F(3,90)=6.25,p<0.01$。第三次和第四次呈现时的HF显著低于第一次呈现。②皮电反应的呈现次数主

效应显著,$F(3, 90) = 3.12, p<0.05, \eta_p^2 = 0.094$,事后检验发现,在厌恶刺激图片第三次和第四次呈现时,皮电反应显著高于前两次;组别的主效应显著,$F(1, 30) = 5.16, p<0.05, \eta_p^2 = 0.147$,核心厌恶组的皮电反应显著低于道德厌恶组。组别和呈现次数的交互作用显著,$F(3, 90) = 2.97, p<0.05, \eta_p^2 = 0.090$。简单效应分析显示,道德厌恶组的皮电反应随呈现次数增多出现显著变化,$F(3, 90) = 6.05, p<0.01$。第三次呈现的皮电反应显著大于前两次。第四次呈现的皮电反应显著大于第二次。具体结果如图 2-3 所示。其他主效应或交互作用均不显著。

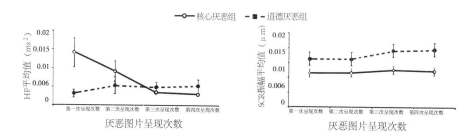

图 2-3 不同厌恶情绪的自主神经唤醒适应性变化

(四)讨论

1.核心厌恶和道德厌恶的情绪唤醒特征

本研究利用厌恶图片唤醒被试的两种厌恶情绪,结合主观情绪体验评定和自主神经活动指标考察不同厌恶情绪的特异性。从主观情绪体验评定结果看,两组被试在观看图片后,厌恶情绪显著增强,且两组之间没有显著差异,实现了两类厌恶图片在情绪强度上的匹配性,为后期探讨适应性差异提供了保障。

在厌恶首次被唤醒之后,两组被试的情绪体验在构成上表现出差异,除了厌恶体验外,道德厌恶组同时感受到愤怒和悲伤情绪,而核心厌恶组体验到更多的恐惧情绪,这一结果与以往研究结论一致。[1][2] 污染性的厌恶刺激会引发较单纯的厌恶情绪,并对接近该刺激产生威胁感和恐惧情绪,从而保护个体远离疾病、避免感染病菌。道德厌恶刺激引发的情绪更加复杂,除了厌恶体验外,会同时伴随有较高的愤怒、悲伤等负性情绪。本研究在厌恶刺激材料的选取上,考虑到了将厌恶情绪与愤怒、恐惧等情绪进行区分,从实验结果上看,两组被试在观看不同的厌恶刺激后,目标情绪诱发成功,道德厌恶组的厌恶体验显著高于愤怒、悲伤;核心厌恶组的厌恶体验显著高于恐惧。

从自主神经活动水平分析,各生理指标的不同变化提示着核心厌恶和道德厌恶对交感和副交感神经系统产生了不同的影响,结果支持了两种厌恶情绪在自主神经反应模式上存在特异性。在本实验条件下,核心厌恶组出现心率变异性增强,反映副交感活动水平的 HF-HRV 显著高于基线期;道德厌恶组的心率显著升高。心脏活动受到交感和副交感神经系统的共同支配,其中交感神经紧张性增强时,可以表现为心率加快。皮电反应数据显示,测量阶段的主效应显著,厌恶情绪唤醒后,皮电反应显著增强。皮肤电活动主要受交感神经系统的功能支配,较高的皮肤电活动与个体对厌恶性刺激所做出的适宜性反应倾向有关。厌恶刺激使人产生威胁感,促使个体做出逃走或战斗的准备,而交感神经系统的激活可以为这种适宜性反应提供直接支持。因此综合心血管系统和皮电反应数据,我们推测,核心厌恶下个体呈现出交感神经和副交感神经的共同激活模式,而道德厌恶下个体的交感神经系统功能激活。

在奥塔维亚尼等人[3]的研究中,代表交感和副交感神经系统平衡性的心率变异性指标 LF/HF-HRV 也呈现出不同厌恶情绪的特异性,与本研究结果

① Marzillier, S. L., & Davey, G. C. L. (2004). The emotional profiling of disgust-eliciting stimuli: evidence for primary and complex disgusts. *Cognition & Emotion*, 18(3), 313-336.

② Yoder, A. M., Widen, S. C., & Russell, J. A. (2016). The word disgust may refer to more than one emotion. *Emotion*, 16(3), 301-308.

③ Ottaviani, C., Mancini, F., Petrocchi, N., Medea, B., & Couyoumdjian, A. (2013). Autonomic correlates of physical and moral disgust. *International Journal of Psychophysiology*, 89(1), 57-62.

不同。由于心率变异性与个体的呼气和吸气深度有关,为了保证情绪唤醒的有效性,避免被试受到干扰[1],我们在实验过程中允许个体进行自主呼吸,没有对呼吸频率进行控制,这可能对心率变异性指标产生影响。未来的研究可以进一步关注个体的呼吸系统活动情况,为分析厌恶情绪的生理活动提供更深入全面的数据支持。

2. 不同厌恶情绪的适应性反应模式

适应性指刺激重复呈现时表现出来的反应降低的现象。[2] 为了探查核心厌恶和道德厌恶随时间推移是否存在适应性反应以及适应进程的特异性,本研究在首次呈现厌恶刺激之后的第 2 分钟、4 分钟和 6 分钟时,让被试重复观看图片,对主观情绪体验和自主神经唤醒变化进行测量。

实验结果表明,核心厌恶存在随着刺激反复呈现而反应性降低的适应性,表现为厌恶体验下降,这与前人采用不同刺激材料类型,通过情绪自主评定得出的结论相一致。[3][4] 本研究中对自主神经活动指标的分析进一步揭示了核心厌恶情绪适应性的内在生理机制。核心厌恶组在重复观看刺激后表现出 HF-HRV 显著降低,可以理解为由厌恶情绪引发的副交感神经系统活性随之减弱,由此推测核心厌恶的适应性可能更多地与副交感神经系统活动变化有关。

对道德厌恶的情绪变化分析显示,厌恶情绪没有随着刺激的反复出现而产生适应性,表现为厌恶评分没有出现显著性变化。在辛普森等人(2006)的

---

① Zautra, A. J., Fasman, R., Davis, M. C., & Craig, A. D. (2010). The effects of slow breathing on affective responses to pain stimuli: an experimental study. *Pain*, 149(1), 12–18.

② Thompson, R. F., & Spencer, W. A. (1966). Habituation: a model phenomenon for the study of neuronal substrates of behavior. *Psychological review*, 73(1), 16–43.

③ Simpson, J., Carter, S., Anthony, S. H., & Overton, P. G. (2006). Is disgust a homogeneous emotion? *Motivation and Emotion*, 30(1), 31–41.

④ Russell, P. S., & Ginersorolla, R. (2013). Bodily moral disgust: what it is, how it is different from anger, and why it is an unreasoned emotion. *Psychological Bulletin*, 139(2), 328–351.

研究中,道德厌恶组随时间推移报告出更强烈的厌恶情绪体验,由此研究者提出道德厌恶的产生更加依赖于解释评价路径,随着道德厌恶图片的反复呈现,被试会对厌恶刺激进一步精细加工,因而引发更加强烈的厌恶体验。本研究条件下的道德厌恶体验,以及在首次情绪唤醒阶段显著升高的心率指标,均没有出现适应性变化。但是研究结果显示,道德厌恶组的皮电反应随着时间的推移出现显著上升。以往研究指出,个体的皮电反应与情绪和认知加工心理状态有关,不仅仅代表单一的情绪唤醒水平,信息加工和认知努力都可能对皮电反应产生影响。① 因此道德厌恶下的皮电反应增强可能与被试对厌恶图片进行深入认知加工有关,也就是说,个体对反复出现的道德厌恶图片进行了更加深入精细加工,但是厌恶情绪反应并没有因此而更加强烈。后续研究可以围绕道德厌恶刺激的认知与情绪加工特点进行深入探索。

(五) 结论

本实验条件下,得出以下结论:(1)核心厌恶与道德厌恶在情绪成分和生理唤醒上存在差异:核心厌恶伴随有更多的恐惧情绪,道德厌恶伴随有更多的愤怒与悲伤;在自主神经活动上,核心厌恶呈现出交感神经和副交感神经的共同激活模式,道德厌恶表现为交感神经系统功能激活。(2)当反复暴露于厌恶刺激下,核心厌恶组出现厌恶体验和生理唤醒的反应性下降,道德厌恶组没有表现出情绪的适应性反应。

二、负性情绪抑制对社会决策行为的影响

(一) 问题提出

情绪作为人类适应环境的产物,具有重要的社会性功能,但在一定场合

---

① Figner, B. , & Murphy, R. O. (2011). Using skin conductance in judgment and decision making research. In M. Schulte-Mecklenbeck, A. Kühberger, & R. Ranyard (Eds.), *Society for Judgment and Decision Making series. A handbook of process tracing methods for decision research: A critical review and user′s guide* (pp. 163–184). Psychology Press.

下,外显的情绪表达行为往往是不适宜的,我们需要做到"喜怒不形于色",努力减少甚至压制自身的情绪表达。情绪抑制(emotion suppression)属于自我调节的一种形式,格罗斯等人①②将其定义为当情绪唤醒时个体对自我情绪表达行为的一种有意识的压制。它对于个体社会生活和健康心理机能的维系至关重要。③

　　情绪抑制的相关研究涉及主观体验、生理反应、行为影响和文化差异等多个层面④⑤⑥,其研究成果使我们对人类的这一自我调节方式有了比较深入的认识。抑制正性和负性情绪的表达都会导致心脏血管系统交感神经的激活增强,这种结果具有跨年龄、性别和文化的一致性,但是表达抑制对不同效价情绪的主观体验则产生不同影响。⑦⑧ 近年来,情绪抑制对后续认知行为的影响

① Gross, J. J., & Levenson, R. W. (1993). Emotional suppression：Physiology, self-report, and expressive behavior. *Journal of Personality and Social Psychology*, 64, 970–986.

② Gross, J. J., & Levenson, R. W. (1997). Hiding feelings：The acute effects of inhibiting negative and positive emotion. *Journal of Abnormal Psychology*, 106, 95–103.

③ Seeman, T. (2001). How do others get under our skin? In：C. D. Ryff & B. H. Singer (Eds.), *Emotion, social relationships, and health* (pp. 189–210). New York：Oxford University Press.

④ Ehring, T., Tuschen-Caffier, B., Schnülle, J., Fischer, S., & Gross, J. J. (2010). Emotion regulation and vulnerability to depression：Spontaneous versus instructed use of emotion suppression and reappraisal. *Emotion*, 10(4), 563–572.

⑤ Harris, C. R. (2001). Cardiovascular responses of embarrassment and effects of emotional suppression in a social setting. *Journal of Personality and Social Psychology*, 81, 886–897.

⑥ Roberts, N. A., Levenson, R. W., & Gross J. J. (2008). Cardiovascular costs of emotion suppression cross ethnic lines. *International Journal of Psychophysiology*, 70(1), 82–87.

⑦ Kunzmann, U., Kupperbusch, C. S., & Levenson R. W. (2005). Behavioral inhibition and amplification during emotional arousal：A comparison of two age groups. *Psychology and Aging*, 20(1), 144–158.

⑧ Robinson, J. L., & Demaree, H. A. (2007). Physiological and cognitive effects of expressive dissonance. *Brain and Cognition*, 63(1), 70–78.

逐渐得到众多研究者的关注[1][2],结果表明情绪抑制是一种在情绪发生全过程中需要自我监控参与的情绪调节方式,因自我监控需要占用一定的认知资源,这将导致个体在情绪抑制后的同一过程中后续行为发生变化,这符合资源损耗模型[3]的观点,该模型主张个体对冲动和愿望的抑制能力是有限的。个体有意识地评估或修改思维方式、情绪或行为将会占用一定的认知资源,使后续其他任务可利用的认知资源减少,从而影响这些任务的成绩。[4]

研究表明情绪抑制会对记忆[5]和推理[6]等同过程中后续认知活动产生影响。这些研究更多地关注个体在独立情境中进行的情绪抑制对心理和行为的影响,没有探讨在社会互动情境中情绪抑制对认知活动的影响,从而降低了研究结果的生态学效度。

最后通牒博弈(ultimatum game,UG)由古斯等人[7]设计,目的是利用实验探讨社会互动情境中的决策行为。该实验设定博弈双方分别作为提议者和回应者,在完全匿名条件下对一笔资金进行分配,提议者提出一种分配资金的方案,回应者有两种选择,如果接受这种方案,则资金按其方案分配;如果不接受,则双方收益均为零。实验的通常结果是分配比例一般在50%,平均为

---

① 李静, 卢家楣. (2007). 不同情绪调节方式对记忆的影响. 心理学报, 39(6), 1084-1092.

② Tull, M. T., Jakupcak, M., & Roemer, L. (2010). Emotion suppression: A preliminary experimental investigation of its immediate effects and role in subsequent reactivity to novel stimuli. *Cognition Behavior Therapy*, 39(2), 114-125.

③ Baumeister, R. F., & Heatherton, T. F. (1996). Self-regulation failure: An overview. *Psychological Inquiry*, 7, 1-15.

④ Baumeister, R. F., Bratslavsky, E., Muraven, M., & Tice, D. M. (1998). Ego depletion: Is the active self a limited resource? *Journal of Personality and Social Psychology*, 74, 1252-1265.

⑤ 姜媛, 白学军, 沈德立. (2009). 中小学生情绪调节策略与记忆的关系. 心理科学, 32(6), 1282-1286.

⑥ 张敏, 卢家楣, 谭贤政, 王力. (2008). 情绪调节策略对推理的影响. 心理科学, 31(4), 805-808.

⑦ Güth, W., Schmittberger, R., & Schwarze, B. (1982). An experimental analysis of ultimatum bargaining. *Journal of Economic Behavior and Organization*, 3(4), 367-388.

40%,少于40%的往往被拒绝。① 由于 UG 能为社会互动研究提供丰富的行为数据,所以本研究通过将情绪抑制操作引入 UG 实验范式,探讨情绪抑制是否会对个体的社会决策行为造成影响。

已有研究表明,作为人类高级心理活动的决策,需要自我监控的参与而占用一定的认知资源。②③ 根据资源损耗模型,当先前任务需要自我调节的参与时,其后续的决策行为由于认知资源已被损耗而会发生改变。研究发现,在 UG 中,情绪反应是影响回应者决策行为的重要因素,由不公平提议引发的负性情绪体验越强,回应者相应的接受率越低。④⑤⑥ 有研究者发现腹正中前额叶(VMPC)损伤患者在 UG 中更多的拒绝不公平的分配提议,换言之,他们在决策时表现出更多的不理智行为。VMPC 被认为是情绪调节的关键脑区,VMPC 损伤患者存在情绪调节障碍,尤其是难以根据情境恰当地控制自身的情绪反应。研究结果表明,在 UG 引发的社会受挫情境中,情绪调节能力是回应者做出理性经济决策的重要影响因素。

在本研究中,通过抑制情绪表达这一认知资源损耗的实验操作,造成正常人群自我调节能力的降低,进而考察被试在 UG 中,面对不同公平程度的提议

---

① Henrich, J., Boyd, R., Bowles, S., Camerer, C., Fehr, E., Gintis, H., et al. (2001). In search of homo economicus: Behavioral experiments in 15 small-scale societies. *American Economic Review*, 91(2), 73-79.

② Wagar, B. M., & Thagard, P. (2004). Spiking phineas gage: A neurocomputational theory of cognitive-affective integration in decision making. *Psychological Review*, 111, 67-79.

③ 王芹. (2010). 即时情绪对社会决策影响的发展研究. 博士学位论文, 天津师范大学.

④ Sanfey, A. G., Rilling, J. K., Aronson, J. A., Nystrom, L. E., & Cohen, J. D. (2003). The neural basis of economic decision-making in the ultimatum game. *Science*, 300 (5626), 1755-1758.

⑤ van't Wout, M., Kahn, R. S., Sanfey, A. G., & Aleman, A. (2006). Affective state and decision-making in the Ultimatum Game. *Experimental Brain Research*, 169, 564-568.

⑥ 王芹, 白学军. (2010). 最后通牒博弈中回应者的情绪唤醒和决策行为研究. 心理科学, 33(4), 844-847.

时所作出的决策行为。根据已有研究结果①,本研究假设在情绪调节资源被
损耗的情况下,随着提议不公平程度的增加,个体会做出更多的拒绝决策
行为。

有研究者在 UG 实验中,将博弈对手设计为人和计算机两种形式,结果发
现,当回应者面对人类对手给出的不公平提议时,体验到更强烈的负性情绪,
相应的接受率也更低。在王芹和白学军的研究中却得到了与前面研究不一致
的结果,即无论对手是人还是计算机,面对不公平提议时,被试的情绪唤醒和
决策行为结果均不存在显著差异。王芹和白学军(2010)认为这种不一致的
原因可能是中西文化差异造成的。为了进一步证实这个结果,本研究在实验
中也加入了计算机这一博弈对手,探讨在自然观看和情绪抑制两种实验条件
下,面对不同博弈对手时,被试决策行为是否存在差异。

(二)实验方法

1. 被试

40 名大学生,其中女生 20 名,男生 20 名,平均年龄是 19.92 ± 0.55 岁。
所有被试视力或矫正视力正常,无色盲,均为右利手。实验之前将有心理疾
患、药物滥用和皮肤过敏史的被试剔除。

2. 实验仪器

实验采用 Superlab 系统呈现刺激并记录被试的反应,该系统刺激呈现与
计时精度均为 1ms。刺激通过戴尔 17 寸显示器呈现,被试距屏幕 60 厘米处。
显示器的分辨率为 1024×768,屏幕的背景为白色。

使用 BIOPAC MP150 型 16 导生理记录仪系统的信号探测器、转换器和放
大器等设备,记录被试在实验阶段的皮肤电和心率。

---

① Koenigs, M., & Tranel, D. (2007). Irrational economic decision-making after ventromedial prefrontal damage: Evidence from the ultimatum game. *Journal of Neuroscience*, 27, 951-956.

3. 实验材料

情绪抑制任务采用的负性图片 10 张,取自中国情绪图片系统①,平均愉悦度、唤醒度和优势度分别为 3.55(0.96)、4.90(0.23)和 4.59(1.04)。

情绪评定量表选取了五个情绪形容词为主观报告内容,分别代表愉快、悲伤、厌恶、恐惧和愤怒五种基本情绪,每个形容词分五级评定(1 根本没有,5 非常强烈)。

采用 UG 任务,被试作为回应者一方,共有 24 轮试验,12 轮和另一个人(6 男,6 女)完成,另外 12 轮和计算机完成,每一轮试验和不同的博弈对手分配金额为 10 元钱的一笔资金。本实验仿照人们在非实验控制下,在 UG 中自然真实的提议情况,将提议水平设置为公平和不公平两类情况,同时由于本实验着重考虑不公平提议下被试的决策行为,因此在每个被试面对的 24 次提议中,8 次为公平的分配(¥5:¥5),16 次为不公平提议(6 次 ¥9:¥1,6 次 ¥8:¥2,4 次 ¥7:¥3)。计算机对手和人类对手的分配比例是相同的,24 次分配顺序随机呈现。

4. 实验程序

实验采用个别施测,具体实验程序如下。

第一步:被试进入实验室,给被试连接上记录生理反应的传感器。

第二步:在被试熟悉实验环境后,让被试填写情绪评定量表一。

第三步:向被试详细说明 UG 任务的实验操作方法,具体指导语为:"每轮试验中你将和随机选出的另一个人共同完成这个实验,你们将就一笔资金(10 元)进行分配,对方首先提议分配方案,你来决定是否接受或拒绝他/她的提议,如果你接受,则资金即这样分配,如果不接受,则双方收益均为零。一共要进行 24 轮试验,每次你将和不同的对象配对完成博弈,其中会有 12 次的提议方案是由电脑随机产生的。你每一次的决策结果均会被保密。实验结束

---

① 白露,马慧,黄宇霞,罗跃嘉.(2005).中国情绪图片系统的编制——在 46 名中国大学生中的试用.中国心理卫生杂志,19(11),719-722.

后,会根据你们在实验中得到的资金数额分配不同价值的奖品。"每个被试都接受类似实验任务的练习,使其熟悉实验程序,确保其完全掌握实验要求。

具体实验程序如图 2-4 所列。

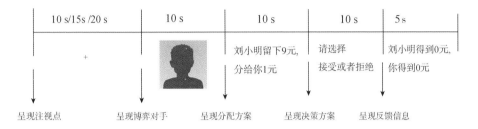

图 2-4　最后通牒博弈的实验流程

第四步:要求被试保持平静和放松,并持续采集生理指标 5min,以此作为基线值。

第五步:向被试说明在 UG 前要观看一些图片。将被试随机分成情绪抑制组和自然观看组,使用情绪图片诱发被试负性情绪,通过指导语控制被试的情绪反应。观看负性图片 10 张,每张图片呈现 10s,间隔 2s。观看图片后,让被试填写情绪评定量表二。

情绪抑制组指导语:"请你认真观看下面的图片,在观看过程中,请你尽量不要表现出情绪反应,也就是说,不要让其他人看出你的情绪感受。"

自然观看组指导语:"请你认真观看下面呈现的图片。"

第六步:开始 UG 实验。在实验过程中持续采集生理指标,直至实验结束。

5. 实验设计

本实验为 2(组别:情绪抑制组、自然观看组)×2(性别:男、女)×2(博弈对手:人、计算机)×4(分配方案:￥5:￥5、￥7:￥3、￥8:￥2、￥9:￥1)的混合设计,其中组别和性别为被试间因素,博弈对手和分配方案为被试内因素。

6. 生理数据采集与分析

以往研究表明以下两项生理指标在情绪唤醒状态下较为敏感。

(1)皮肤电。实验前,用75%医用酒精搽试安电极处,之后将 Ag/AgC1 电极分别缠在被试左手食指和无名指的末端指腹上,电极连接在生理记录仪的 GSR100C 模块上记录皮电,采样率为 200Hz。

(2)心率。将可任意粘贴的一次性扣式电极与被试连接。取样电极分别连接到被试的左右锁骨下,参考电极连接到右腿踝部。电极连接在心电描记放大器 ECG100C 模块上记录心率变化,采样率为 200Hz。

所采集的生理数据在 Acqknowledge 4.0 软件进行编辑处理。计算出基线水平、实验阶段的皮电反应、心率的均值,后期数据用 SPSS13.0 进行分析。

(三) 结果

1. 情绪诱发与抑制的主观体验

通过对被试观看情绪图片之前和之后的主观情绪体验进行分析,考查情绪唤醒的有效性以及不同观看方式对个体主观情绪感受的影响。具体结果见表 2-3 所列。

表 2-3　被试在观看图片前后的主观情绪感受($M \pm SD$)

情绪维度	性别	自然观看组		情绪抑制组	
		观看图片前	观看图片后	观看图片前	观看图片后
愉快	男	2.60±1.07	1.90±0.74	2.40±0.97	1.73±0.88
	女	2.40±0.70	1.60±0.52	1.90±0.99	1.60±0.70
悲伤	男	1.00±0.00	2.50±0.53	1.20±0.63	2.20±1.14
	女	1.00±0.00	2.50±0.85	1.00±0.00	2.10±0.32
恐惧	男	1.10±0.32	1.20±0.42	1.10±0.32	1.10±0.32
	女	1.10±0.32	1.00±0.00	1.00±0.00	1.00±0.00
厌恶	男	1.00±0.00	1.40±0.52	1.00±0.00	1.50±0.71
	女	1.00±0.00	1.50±0.53	1.00±0.00	1.00±0.00
愤怒	男	1.00±0.00	1.30±0.48	1.00±0.00	1.20±0.42
	女	1.00±0.00	1.50±0.71	1.00±0.00	1.10±0.32

对五种情绪的主观感受评价进行重复测量方差分析,其中测量时间为组内因素,组别和性别为被试间因素,结果发现:

(1)愉快情绪

测量时间的主效应显著,$F(1,36)=38.27$,$p<0.001$,在观看图片后愉快情绪显著降低;组别的主效应不显著,$F(1,36)=0.26$,$p=0.614$;性别的主效应不显著,$F(1,36)=1.26$,$p=0.270$;三个因素间交互作用均不显著($ps>0.05$)。

(2)悲伤情绪

测量时间的主效应显著,$F(1,36)=106.89$,$p<0.001$,在观看图片后悲伤情绪显著增强;组别的主效应不显著,$F(1,36)=0.80$,$p=0.378$;性别的主效应不显著,$F(1,36)=0.29$,$p=0.596$;三个因素间交互作用均不显著($ps>0.05$)。

(3)恐惧情绪

测量时间的主效应不显著,$F(1,36)=0.18$,$p=0.671$;组别的主效应不显著,$F(1,36)=0.22$,$p=0.642$;性别的主效应不显著,$F(1,36)=1.98$,$p=0.168$;三个因素间交互作用均不显著($ps>0.05$)。

(4)厌恶情绪

测量时间的主效应显著,$F(1,36)=18.77$,$p<0.001$,在观看图片后厌恶情绪显著增强;组别的主效应不显著,$F(1,36)=1.53$,$p=0.224$;性别的主效应不显著,$F(1,36)=1.53$,$p=0.224$;三个因素间交互作用均不显著($ps>0.05$)。

(5)愤怒情绪

测量时间的主效应显著,$F(1,36)=11.97$,$p=0.001$,在观看图片后愤怒情绪显著增强;组别的主效应不显著,$F(1,36)=2.47$,$p=0.125$;性别的主效应不显著,$F(1,36)=0.10$,$p=0.755$;三个因素间交互作用均不显著($ps>0.05$)。

2.情绪诱发与抑制的生理数据

通过对两组被试观看情绪图片之前和观看过程中的生理指标进行分析,考查情绪生理唤醒的有效性以及不同观看方式对被试自主神经系统唤醒水平的影响。

(1)皮肤电指标 两组被试的皮肤电活动的基线水平和完成任务过程中的生理数据如表2-4所列。由于皮肤电的振幅数据属于正偏态分布,取其平方根用于统计分析。

表 2-4 两组被试在不同阶段的皮肤电(μs)指标($M \pm SD$)

组别	性别	观看图片前	观看图片中
自然观看组	男	2.96±0.49	2.98±0.26
	女	2.94±0.38	2.95±0.32
情绪抑制组	男	3.01±0.61	3.26±0.58
	女	2.94±0.31	3.25±0.33

对皮肤电生理指标进行重复测量方差分析,其中测量时间为组内因素,组别和性别为被试间因素。结果发现:

测量时间主效应显著,$F(1,36)=13.76,p=0.001$。观看负性图片显著增强被试的皮肤电反应性。组别的主效应不显著,$F(1,36)=1.42,p=0.241$。性别的主效应不显著,$F(1,36)=0.24,p=0.631$。

测量时间与组别的交互作用显著,$F(1,36)=9.67,p=0.004$。进一步简单效应分析显示,从组别水平分析,自然观看组被试在观看图片过程中皮肤电反应性的变化不显著。情绪抑制组被试在观看图片过程中的皮电活动水平显著高于观看图片前,$F(1,36)=23.25,p=0.001$。从测量时间分析,在观看图片前,两组被试的皮肤电活动水平差异不显著。在观看图片过程中,情绪抑制组的皮肤电反应性显著高于自然观看组,$F(1,36)=4.28,p=0.046$。

其他交互作用均不显著($ps>0.05$)。

(2)心率指标 两组被试的心率的基线水平和完成任务过程中的生理数据如表2-5所列。

表 2-5 两组被试在不同阶段的心率(bpm)指标($M\pm SD$)

组别	性别	观看图片前	观看图片中
自然观看组	男	67.98±11.73	67.35±12.92
	女	72.97±8.68	73.60±9.81
情绪抑制组	男	73.87±9.45	71.82±8.93
	女	74.42±10.36	74.98±8.63

对心率生理指标进行重复测量方差分析,其中测量时间为组内因素,组别和性别为被试间因素。结果发现:测量时间主效应不显著,$F(1,36)=0.37$,$p=0.546$;组别的主效应不显著,$F(1,36)=1.09$,$p=0.303$;性别的主效应不显著,$F(1,36)=1.40$,$p=0.244$;三个因素间的交互作用均不显著,($ps>0.05$)。

(3)回应者的行为决策结果 通过对两组被试在不同分配方案下接受情况进行分析,考察自我调节资源损耗实验操作对个体决策行为的影响。

两组被试在不同分配方案下的接受率如表 2-6 所列。

表 2-6 不同分配方案下的接受率(%)情况(M±SD)

组别	性别	博弈对手是人				博弈对手是电脑			
		¥5:¥5	¥7:¥3	¥8:¥2	¥9:¥1	¥5:¥5	¥7:¥3	¥8:¥2	¥9:¥1
自然观看组	男	100.00 ±0.00	90.10 ±15.94	67.50 ±28.99	37.50 ±35.84	100.00 ±0.00	100.00 ±0.00	80.00 ±34.96	55.00 ±43.78
	女	97.50 ±7.91	83.40 ±23.57	57.50 ±42.57	40.00 ±35.74	100.00 ±0.00	80.00 ±42.16	65.00 ±41.16	45.00 ±43.78
情绪抑制组	男	92.50 ±16.87	63.20 ±40.01	40.00 ±35.68	15.00 ±14.08	100.00 ±0.00	80.00 ±34.96	45.00 ±36.89	25.00 ±21.36
	女	100.00 ±0.00	87.60 ±16.17	45.00 ±32.91	25.00 ±20.41	100.00 ±0.00	90.00 ±31.62	37.50 ±35.84	25.00 ±23.57

对两组被试在 UG 中的接受率进行重复测量方差分析,其中博弈对手和

分配方案为被试内因素,组别和性别为被试间因素。结果发现:

分配对手的主效应不显著,$F_{(1,36)}=2.76$,$p=0.106$。分配方案的主效应显著,$F_{(3,108)}=87.01$,$p<0.001$。进一步事后检验显示,四种分配方案之间的接受率均存在显著差异,最不公平的分配方案¥9:¥1下的接受率最低。性别的主效应不显著,$F_{(1,36)}=0.019$,$p=0.891$。组别的主效应显著,$F_{(1,36)}=6.59$,$p=0.015$。情绪抑制组的接受率显著低于自然观看组。分配方案和组别的交互作用显著,$F_{(3,108)}=3.31$,$p=0.023$。对分配方案和组别的交互作用进行简单效应分析。

从组别的水平上分析分配方案的差异。结果显示,自然观看组在四种分配方案下的接受率之间差异显著,$F_{(3,114)}=30.37$,$p<0.001$。进一步事后分析发现,两种不公平分配方案¥8:¥2和¥9:¥1下的接受率显著低于¥7:¥3和¥5:¥5,而且¥9:¥1条件下的接受率又显著低于¥8:¥2。情绪抑制组在四种分配方案的接受率之间差异显著,$F_{(3,114)}=61.78$,$p<0.001$。进一步事后分析发现,随着分配方案公平性的降低,被试的接收率也随之降低,互相之间差异显著,其中¥9:¥1的接受率最低。

从分配方案水平上分析组别的差异。结果发现在¥5:¥5分配条件下,自然观看组与情绪抑制组的接受率差异不显著,$F_{(1,38)}=0.69$,$p=0.411$。在¥7:¥3分配条件下,自然观看组与情绪抑制组的接受率差异不显著,$F_{(1,38)}=1.04$,$p=0.314$。在¥8:¥2分配条件下,自然观看组的接受率显著高于情绪抑制组,$F_{(1,38)}=6.90$,$p=0.012$。在¥9:¥1分配条件下,自然观看组的接受率显著高于情绪抑制组,$F_{(1,38)}=6.25$,$p=0.017$。

其他交互作用均不显著($ps>0.05$)。

(四)讨论

1.情绪抑制的主观体验与生理唤醒

在研究情绪抑制作用时,本研究将主观情绪评定和监测生理指标两种方式结合。结果发现,被试抑制负性情绪不会降低其相应的主观情绪体验,但会引起他们交感神经的激活,即皮肤电活动变化显著增强。同时,被试情绪抑制的主观体验和生理反应不存在性别差异,这与前人的研究结果一致。[①]

　　面部表情反馈假设主张,表情与主观感受之间存在一致的先天联结。[②]但该假设与近年来情绪抑制研究结果不一致。有研究发现,抑制负性情绪(如悲伤、厌恶、尴尬)的表达不会减少被试相应的负性情绪体验,但是如果抑制正性情绪(如快乐、自豪)的表达,则会减少被试相应的正性情绪体验。[③④]本研究结果也发现抑制负性情绪不会减少被试相应的负性情绪体验。所以,研究者提出面部表情和主观感受之间并不总是一致的观点。[⑤]

　　本研究结果表明,抑制负性情绪引起被试皮肤电活动的显著增强。因皮肤电活动的变化反映了个体汗腺分泌的激活,这一生理现象是由交感神经所支配的。[⑥⑦] 据此可以推测,虽然被试情绪表达的抑制没有导致其相应主观情绪体验上的变化,但是抑制负性情绪却伴随着交感神经激活。交感神经激活是由被试抑制强烈的情绪表达的冲动所导致的。表明被试的情绪抑制行为是需要其主观努力的,会伴随心理资源的损耗。相反,如果被试不需要抑制自己情绪表达的冲动,则不会引起他们交感神经激活的增强。

　　虽然心率和皮肤电都是测量个体自主神经活动的主要指标,但本研究结果发现抑制负性情绪没有引起心率的显著变化,可能原因是:(1)心率变化受

---

① Gross, J. J., & Levenson, R. W. (1997). Hiding feelings：The acute effects of inhibiting negative and positive emotion. *Journal of Abnormal Psychology*, 106, 95–103.

② Ekman, P. (1993). An argument for basic emotion. *Cognition and Emotion*, 6, 169–200.

③ McCanne, T. R., & Anderson, J. A. (1987). Emotional responding following experimental manipulation of facial electromyographic activity. *Journal of Personality and Social Psychology*, 52, 759–768.

④ Stepper, S., & Strack, F. (1993). Proprioceptive determinants of emotional and non-emotional feelings. *Journal of Personality and Social Psychology*, 64, 211–220.

⑤ Duclos, S. E., & Laird, J. D. (2001). The deliberate control of emotional experience through control of expressions. *Cognition and Emotion*, 15, 27–56.

⑥ Boucsein, W. (1992). *Electrodermal activity*. New York：Plenum.

⑦ 姜媛, 白学军, 沈德立. (2009). 中小学生情绪调节策略与生理反应的关系. 心理与行为研究, 7(3), 188–192.

交感神经和副交感神经活动共同支配;(2)抑制不同类型的情绪对心率变化产生不同的影响,抑制高兴和生气情绪会降低心率,抑制悲伤情绪则没有出现心率变化的差异。

2. 情绪抑制对决策行为的影响

UG 的行为数据结果支持了本研究假设,由于情绪抑制导致的情绪调节资源损耗,个体在随后的社会决策任务中表现出更多的不理智行为。情绪抑制组被试与自然观看组被试相比,面对提议者的不公平提议(￥8∶￥2 和￥9∶￥1)时,对提议的拒绝率显著升高,不惜放弃自身经济利益,也要惩罚博弈对方的不公平分配行为。

本研究结果显示,在 UG 前,主观情绪体验的组别主效应不显著,也就是说,情绪抑制操作并没有减少相应的负性情绪体验,情绪抑制组和自然观看组在参加 UG 前的情绪初始状态是一致的。情绪抑制操作造成了被试皮肤电活动变化的显著增强,这为情绪抑制组被试存在更多认知资源的损耗提供了生理数据上的支持。

在 UG 中,回应者面对不公平提议时有两种决策倾向,一是理智倾向,这与任务的要求有关,代表了个体的目标维持和执行控制功能,即是指博弈的最终结果是要获得最多的钱,只有接受提议才可以达到目的;二是情绪化倾向,即是指由于提议中的不公平成分带来的负性情绪体验,促使个体拒绝接受分配提议,造成双方收益均为零。回应者在对两种倾向进行权衡的基础上作出相应的决定。在本研究中两组被试的决策在整体趋势上呈现出一致性,几乎接受了所有的公平分配提议,随着提议不公平性的增加,拒绝的可能性也相应增加。证明人们在社会决策时,并不是理智的,他们没有追求自我利益的最大化,反而会牺牲自己的利益去追求公平。当面对不公平提议(￥8∶￥2 和￥9∶￥1)时,情绪抑制组更倾向于作出不理智决策。根据资源损耗模型,由于抑制情绪表达,造成认知资源的损耗,使个体在后续的 UG 任务中可利用的认知资源减少,从而使个体的行为反应倾向于更加不理智。这个结果与另一项研究①的结果相呼应,他们选择长期节食的女性作为被试,探讨情绪抑制对随后进食行为的影响,结果发现情绪抑制组在随后的实验中表现出自我控制能力的下降,行为更加情绪化,表现为食用更多的冰激凌。

个体的性别在社会决策行为中扮演的角色一直以来都受到广泛关注。研究者利用多种博弈情境考察不同性别个体在社会决策上的差异,但已有研究在性别对决策影响方面没有取得一致性的结果②,这可能与研究者选择的实验范式以及实验情境等因素有关。本研究结果表明性别本身对回应者的行为没有显著影响,与另一项研究③的结论一致。

在本研究中,当博弈对手为计算机时,与博弈对手是人时相比,被试的拒绝率不存在显著差异。这与以往研究中选择中国人作为博弈对手的 UG 实验结果一致。在自然观看和情绪抑制条件下,回应者在面对两种博弈对手时,所作决策没有显著差异。可见,对于回应者来说,不同博弈对手给出的不公平提议引发了相似强度的负性情绪反应。这在实验后对被试的访谈中得到了一定的证实。有被试报告当博弈对手是人时,他会考虑自己的拒绝行为给对方造成的伤害,而选择接受,而当对手是计算机时,他会按照自己的真实感受做出拒绝行为,因为计算机不会受到伤害。也有被试报告虽然不公平的提议是计算机给出的,但是也觉得不舒服,所以就拒绝了。研究者④通过元分析研究揭

---

①　Vohs, K. D., & Heatherton, T. F. (2000). Self-regulatory failure: A resource-depletion approach. *Psychological Science*, 11, 249-254.

②　Eckel, C. C., & Grossman, P. J. (2005). Differences in the economic decisions of men and women: Experimental evidence. In: C. Plott and V. Smith (Eds.), *Handbook of Experimental Economics Results* (Vol. 1). New York: North Holland.

③　Emanuele, E., Brondino, N., Re, S., Bertona, M., & Geroldi, D. (2009). Serum omega-3 fatty acids are associated with ultimatum bargaining behavior. *Physiology and Behavior*, 96(1), 180-183.

④　Camerer, C. F. (2003). *Behavioral game theory: Experiments in strategic interaction*. Princeton, NJ: Princeton University Press.

示中西方文化差异在 UG 中确实存在。例如,在一项研究①中,来自日本和以色列的提议者给出的分配比例小于美国和南斯拉夫的被试。本研究显示中国文化背景下的回应者更加关注分配的客观公平性,不论这个不公平提议是由人作出的还是由计算机作出,都会引发个体相应的负性情绪。

(五)结论

本研究条件下可得如下结论:(1)对负性情绪进行抑制没有减少被试相应的主观体验;情绪抑制导致被试皮肤电反应性增强。(2)负性情绪抑制的主观体验和生理反应不存在性别差异。(3)情绪抑制组被试在面对不公平的分配方案时,更倾向于作出不理智的决策行为,表明情绪抑制对回应者在 UG 中的行为产生影响。

---

① Roth, A. E., Prasnikar, V., Okuno-Fujiwara, M., & Zamir, S. (1991). Bargaining and market behavior in Jerusalem, Ljubljana, Pittsburgh, and Tokyo: An experimental study. *The American Economic Review*, 81(5), 1068-1095.

第三章　情绪的趋利避害与人际信任行为

第一节　人际信任及影响因素

一、人际信任行为的内涵

在社会生活中,信任广泛存在于人与人之间、人与团体之间。对于信任的定义,不同学术领域有着不同的界定。信任可以在宏观上被表述为一种对人性的普遍信仰,也可以具体到某种情境下,对特定个体行为持有的期望和态度。

社会心理学家罗顿(Rotter)[①]认为人际信任是个体在社会互动过程中,对他人或机构的言辞、承诺等的可靠程度建立起来的积极预期,这种预期将在互动过程中得以验证、维持并强化。根据这一概念,罗顿编制了在心理测验中广为应用的《人际信任感量表》。

卢梭(Rousseau)等人[②]综合了多学科观点,将信任描述为一种心理状态,

[①]　Rotter, J. B. (1967). A new scale for the measurement of interpersonal trust. *Journal of Personality*, 35(4), 651-665

[②]　Rousseau, D. M., Sitkin, S. B., Burt, R. S., & Camerer, C. (1998). Not So Different After All: A Cross-Discipline View Of Trust. *Academy of Management Review*, 23(3), 393-404.

是对他人意图或行为的积极预期,并且愿意承担与之相应的风险。他们在对信任定义的表述中,强调了信任是建立在对另一个人的意向或行为的积极预期基础上,信任方愿意承受风险,接受对方将要做出的影响自身利益的行为,敢于托付的一种心理状态。这个观点与梅尔(Mayer)等人[1]相似,认为信任是个体相信他人会为了维护自己的利益而选择合作,并且愿意接受信任他人可能给自己带来的风险。

一些研究者将人际信定义为社会互动中对他人品质、信念或行为意向的一种判断。如罗宾逊(Robinson)等人[2]认为信任是个体对他人品质和行为抱有积极的期望和信念,倾向于认为他人对自己是善意的;对他人品质的判断主要包括他人能力,利他倾向和正直品质。金(Kim)等人[3]对信任下的定义与此相似,他们认为信任包括信任意向(trust intention)和信任信念(trust belief)。信任意向指个体愿意选择相信他人,并且愿意承受由于信任他人而可能带来的风险;信任信念指个体对他人能力和品质的可信度形成的积极认知和判断。

综合上述对信任的多角度定义,可以得出信任的四个基本要素:信任双方,即信任的主客体,包括信任方和受信方;信任意向,信任方对受信方的意图和行为抱有的积极预期;信任信念:愿意相信他人的善意,认可他人的能力、善良和正直;承担风险:承受由于信任他人而可能带来的风险。

源于经济学领域的博弈经常被应用于信任的实验室研究,探查个体的信任水平和决策倾向。作为经典博弈范式,囚徒困境和信任博弈向我们清晰地展示了人际间信任的普遍存在。

其中"囚徒困境博弈"(prisoner's dilemma game)是最早被用于人际信任

---

① Mayer, R. C. , Davis, J. H. & Schoorman, F. D. (1995) An Integrative Model of Organizational Trust. *Academy of Management Review*, 20, 709-734.

② Robinson, R. V. , & Jackson, E. F. (2001). Is Trust in Others Declining in America? An Age-Period-Cohort Analysis. *Social Science Research*, 30(1), 117-145.

③ Kim, E H. , Ferrin, D. L. , Cooper, C. D. , & Dirks, K. T. (2004). Removing the shadow of suspicion The effects of apology versus denial for repairing competence- versus integrity-based trust violations. *Journal of Applied Psychology*, 89, 104-118.

的实验范式之一。[①]在该博弈中,参与双方无法获知对方的决策结果,只能依据自己是否信任对方的判断,根据所给选项作出决策。经典的囚徒困境实验的大意是:警方将甲、乙两名犯罪嫌疑人抓捕归案,因为缺乏足够的证据,因此无法进行定罪。于是警方对这两个犯罪嫌疑人进行单独审问,以防止串供。在审讯中,警方向甲乙二人提出了相同的条件:如果自己认罪,而另一方没有认罪的情况下,自己会被立即释放,而另一人将被判八年徒刑;如果两人都坦白认罪,则二人都将被判处五年徒刑;若两人都不坦白认罪,警方就会因为缺乏足够的证据,从轻处理,二人均会以妨碍公务罪被判一年徒刑。因此,对于博弈双方而言,最好的结果是:自己坦白而对方不认罪,这样自己就会被无罪释放,对方获得最重的刑罚;最坏的结果是:自己不认罪,而对方选择坦白,那么自己就会受到最重的刑罚。如果博弈双方选择合作两个人都不认罪,那么都会得到较轻的刑罚,但是如果都选择认罪,双方都将得到较重的刑罚,每人五年徒刑。从选项上看,囚徒博弈存在一个最优选择,即"纳什均衡",就是博弈双方都选择坦白。因为在对方不认罪的情况下,自己坦白,将被释放,不坦白将各被判一年徒刑,因此自己坦白的结局更好;如果对方坦白,自己也坦白的话,各被判五年徒刑,自己不坦白的话,将得到重判八年的徒刑,因此自己坦白还是要比不认罪的结局好。根据经济人假说,甲乙双方均将选择坦白,这样都会被判五年徒刑。但是大量的实验结果显示,甲乙双方的决策并没有验证经济人假说,决策方案没有体现出完全理性,双方表现了更多的互相信任,选择合作的机会达到50%左右,也就是说,两个人都选择了不坦白,这样就获得较轻的每人一年刑罚。在囚徒困境博弈中,信任是指即使意识到如果对方不合作,自己会遭受很大的损失,个体仍然对博弈对方的合作行为报以积极预期。

　　"信任博弈"(turst game)是在囚徒困境博弈的基础上,由贝格(Berg)等

---

　　① Deutsch, M. (1958). Trust and suspicion. *The Journal of Conflict Resolution*, 2(4), 265–279.

人①设计完成,成为考察人际间利他互惠和信任行为的经典范式之一。在"信任博弈"中,博弈双方的角色被定义为投资人和委托代理人。经典信任博弈范式的操作大致是这样的:被试作为投资人一方,首先获得一笔初始资金用于投资,他可以决定是否把初始资金交给代理人进行投资。可以把钱全部交给代理人或者只给出其中的一部分,也可以自己保留全部资金不进行投资。实验者将投资人给出的资金乘以 3 后,交给委托代理人。委托代理人可以决定是否将投资获得的钱返还投资人以及返还的金额,最多是将 3 倍的钱完全返还投资人,也可以不返还任何钱。信任博弈的纳什均衡是,委托代理人不会返还投资人任何资金,而投资人本身也不会选择投资。因为委托代理人在收到投资人的金钱并获得收益后,可以选择不返还任何钱给投资人。如果投资人愿意将钱投资给委托代理人,而对方又选择返还给投资人大于投资金额的钱数,那么双方在这个过程中都能获得收益。如果投资人选择给委托代理人投资,而对方最后不愿意返还或返还小于投资数额的资金,那么投资人的利益就会受损。信任博弈的实验结果同样证明了个体的行为违背了理性决策假说,表现出了人与人之间的利他信任。投资人往往会选择信任委托代理人,选择拿出一半的钱进行投资,而投资代理人的行为也会遵守互惠原则,愿意返还给投资人稍高于投资资金的钱,作为投资人信任的回报。

二、人际信任的类别

根据人际信任的不同维度,研究者将其划分为不同类型。首先,人与人之间的信任可以按照信任对象的不同划分为两个类别:普遍信任和特殊信任。普遍信任的受信方涵盖较宽泛,指与信任者具有共同利益和信仰的所有人。特殊信任的受信方与信任者之间的关系更加紧密,指与信任者有血缘或裙带关系的他人。与特殊信任相比,普遍信任的信任对象与信任者之间的关系更疏远,很多时候更是指对"不认识的外人"的信任感。一般情况下,个体在与

---

① Berg, J., Dickhaut, J., & Mccabe, K. (1995). Trust, reciprocity, and social history. *Games and Economic Behavior*, 10(1), 122-142.

不同亲密关系的信任对象交往时,表现对"有血缘关系的人"的信任高于"没有血缘关系的熟人"的信任,更高于"陌生人"信任。但是如果在特殊情境下,个体对亲人的信任有可能低于他人。例如,如果感到身体有些不适,想获得一些治疗建议,他会更相信当医生的熟人,而不是没有专业医学知识的家人。①这里应该注意的是,人际信任中的信任和不信任并非同一维度上的两个极端,也就是说,对一个人的信任度低,并不代表"不信任"。在上述的例子中,面对疾病问题,对医生的信任度高,对亲人的信任度低,并不是代表个体对亲人不信任,而是对亲人能够在疾病方面提供帮助的心理预期较低。

从心理学角度,研究者认为信任的构成包含认知、情感和行为三个成分。不同信任情境下,每种成分都可能存在量的差异,由此,信任的三种成分所占比重不同,构成了不同类型的信任。根据信任的内涵不同,信任可以被划分认知性信任和情感性信任。② 认知性信任指信任中认知成分占主导位置,情感性信任则是情感因素占主导位置。个体的信任行为可能源于对他人的言行非常理智客观的分析推导,如根据对方的个性品质分析出可信任程度;也可能是在交往过程中,与对方形成了某种特殊的身份关系或者感情联系,致使个体对他人的信任判断很大程度上受积极情感的影响,而不是源于客观理性的分析。一般情况下,生活中的信任介于认知性信任和情感性信任之间,无论忽略哪一个成分,都会使我们对于人际信任的理解出现偏差。

三、人际信任的影响因素

个体在互动过程中做出信任行为,往往是在没有外界约束或取得受信人承诺的情况下,自愿冒着可能使自己的利益受到损害的风险,而对受信人的行为报以积极的期待。研究证明,信任双方的特征以及信任发生的具体情境都会对人际信任水平产生重要的影响。

---

① 张建新,张妙清,梁觉.(2000).殊化信任与泛化信任在人际信任行为路径模型中的作用.心理学报,32(3),311–316.

② Lewis,J. D. & Weigert, A. (1985). Trust as a Social Reality. *Social Forces*, 63(4), 967–985.

首先,参与人际互动的信任方本身的特征,如性别、年龄、人格特征、经历以及心境等,均会对信任水平和信任决策产生影响。伯格等人[①]利用信任博弈范式,探查哪些个体在信任博弈中更容易相信陌生人,从而愿意承担风险,做出信任投资行为。研究结果发现,信任者合作性这一人格特质与信任行为存在正相关。而且,愿意返还更多的钱给信任者的受信方,同样也会更加信任陌生人。也就是说,合作性高的个体会愿意相信他人也会表现出合作,因此倾向于更加信任对方。一项研究也证实了与合作性接近的另一人格特质,亲社会性,与个体的信任行为之间也存在正相关关系,高亲社会性的个体更倾向于信任他人。[②]

人与人之间的信任发生于互动过程中,因此人际因素会对信任者的信任行为产生重要影响。人际因素主要包括信任者和受信者之间的社会关系,信任行为发生时的内外群体身份等因素。信任双方人际关系的亲密性会增加彼此之间在互动过程中的信任水平,个体更愿意选择信任熟悉亲密的人。但是有研究发现,当个体对受信者非常熟悉时,他的信任决策往往会依据以往经验,更加客观,不会受到情绪因素影响。[③] 此外,研究发现熟悉度对个人的信任形成存在传递效应,当受信者和信任者存在共同的朋友时,对朋友的熟悉和信任会促使两个本来不熟悉的人建立起信任关系。[④]

人际信任的另一个重要影响因素是信任行为发生时的外界环境,包括物理环境和社会文化环境。有研究发现,人际互动所处环境的光线明暗程度会

---

① Berg, J. , Dickhaut, J. , & McCabe, K. A. (1995). Trust, reciprocity, and social history. *Games and Economic Behavior*, 10(Ⅰ), 122–142.

② Kanagaretnam, K. , Mestelman, S. , Nainar, K. , & Shehata, M. (2009). The impact of social value orientation and risk attitudes on trust and reciprocity. *Journal of Economic Psychology*, 30(3), 368–380.

③ Dunn, Jennifer R. , & Schweitzer, Maurice E. (2005). Feeling and believing: the influence of emotion on trust. *Journal of Personality & Social Psychology*, 88(5), 736–748.

④ Delgado-Marquez, B. L. Hurtado-Torres, N. E. , & Aragon-Correa, J. A. (2012). The dynamic nature of trust transfer: measurement and the influence of reciprocity. *Decision Support Systems*, 54(1), 226–234.

影响到个体对他人的信任加工判断。在黑暗的环境中个体信任水平降低,这可能由于黑暗中对个体会更多地体验到焦虑不安,更倾向于认为对方会做出不公正的行为;在明亮的环境中,个体会更多地体验到安全和舒适,与黑暗环境相比,会更多地作出信任判断。①② 除了物理环境,个体和群体所处的社会文化环境也会对人际信任倾向产生重要的影响。例如,不同社会文化对人与人之间的关系有着不同的诠释。西方文化更多体现个人主义,强调独立性和个人价值,而东方文化更多推崇集体利益和合作忠诚。人与人之间建立起来的人际信任关系与所处的文化氛围密不可分,在人际互动中的信任水平和行为倾向上会存在某种程度上的差异。

第二节　情绪与人际信任行为的关系

一、情绪效价对人际信任行为的影响

信任是人与人之间建立社会交往关系的重要基础,信任者和受信者之间的高信任度有利于促进交往关系的建立和维系。根据人际信任的定义,信任包含认知、情绪和行为三个层面,认知和情绪因素都会影响着人际信任的形成和发展。在早期对信任的研究中,普遍关注信任形成中的认知加工过程,研究者认为信任在很大程度上是理性的判断过程,而对情绪因素关注极少。随着研究的深入,越来越多的研究开始关注情绪在信任形成中发挥的重要作用,因为一个人在作出他人是否可信的决策时,离不开情感加工。不同的情绪状态会加强或者减弱人际信任倾向。已有研究围绕情绪的三个不同维度展开对人际信任的影响研究:情绪效价、认知评价和动机维度。

---

① Zhong,C. B. ,Strejcek,B. ,& Sivanathan,N. (2010). A clean self can render harsh moral judgment. *Journal of Experimental SocialPsychology*,46(5),859-862.

② 殷融,叶浩生. (2014).道德概念的黑白隐喻表征及其对道德认知的影响.心理学报,46(9):1331-1346.

在人际信任的早期研究中,研究者发现积极情感会促进个体对他人作出积极的评价,消极情绪则会起到相反的影响作用。不同理论模型对此提出了支持。情绪即信息理论提出,个体在形成社会判断时,会直接根据自己此时的内心感受和情感状态。在积极的情绪下个体会感觉良好,更容易对事物作出积极性评价,认为他人是值得信赖的。在消极情绪下,更倾向于对事物作出消极性判断,认为他人更加不可信。① 情绪一致性模型指出,处于一定情感状态下的个体,会对当前事件中,与自己情绪具有一致性的信息更加敏感,更多地去加工情绪一致性的信息,在此基础上作出的判断和决策也带有一致性的情感色彩。② 在人际信任的形成中,如果个体处于积极的情绪状态,会更偏向于加工信息的积极一面,作出积极的社会判断,促进人际信任的形成;个体消极的情绪状态会优先启动消极信息的提取与加工,对向前状况形成消极的评估,从而减少了人际信任的形成。

随着情绪研究的不断细化,积极情绪促进人际信任的积极评估,消极情绪阻碍人际信任的形成之一结论受到质疑。一些研究指出,在某些特定情境下,积极情绪反而会导致个体对他人的可信性判断具有负性偏向。研究者发现,与中性情绪状态相比,积极情绪下的个体更倾向于依靠大脑中消极的图式对他人的可信性作出评判。③ 对此种现象,情绪信息理论和情绪一致性模型无法给出更多的解释。费德勒和同事在前人研究的基础上,提出了顺应—同化模型④。顺应是指自下而上的加工过程,个体已有的内部知识结构被外界信

---

① Schwarz, N. (1990). Feelings as information: Informational and motivational functions of affective states. In E. T. *Higgins & R. Sorrentino* (*Eds.*) *Handbook of Motivation and Cognition: Foundations of social behavior* (Vol. 2, pp. 527-561). New York: Guilford.

② Mayer, J. D., Gaschke, Y. N., Braverman, D. L., & Evans, T. W. (1992). Mood-congruent judgment is a general effect. *Journal of Personality and Social Psychology*, 63 (1), 119-132.

③ Bodenhausen, G. V., Kramer, G. P., & Susser, K. (1994). Happiness and stereotypic thinking in social judgment. *Journal of Personality and Social Psychology*, 66, 621-632.

④ Fiedler, K. (2001). Affective influences on social information processing. In J. P. Forgas (Ed.), *The handbook of affect and social cognition* (pp. 163-185). Mahwah, NJ: Erlbaum.

息所修正,消极情绪状态促进顺应过程;同化是指自上而下的加工过程,个体根据内部图式对外界环境作出评价,积极情绪状态促进同化过程。该模型认为,顺应和同化是个体在作出社会判断时,体现出的两个相对独立的适应功能。当个体处于积极情绪状态时,会启动先前的认知图示,根据知识经验对事物或事件形成评估;当个体处于消极情绪状态时,个体在作出判断时倾向于更加谨慎,较少依赖已有的知识经验,会对目标进行更深入的加工。因此,根据顺应—同化模型,积极情绪并不是在所有时候都会促进可信性的判断。当社会目标激活个体大脑中已有的积极图式,会促进积极判断的形成,而当社会目标激活消极图式时,就会形成消极认知评价,对他人的可信性作出负性判断。顺应—同化模型假设在大量实验研究中得到了验证。①②

二、特定情绪的认知评价对人际信任的影响

纵观情绪和人际信任关系的早期研究发现,无论是情绪即信息理论、情绪一致性模型还是顺应—同化模型,都是围绕情绪的积极和消极这一效价维度,探讨正负性情绪对认知判断的不同影响作用。随着情绪理论研究的不断发展,情绪的认知评价模型从对情绪的结构进行了更为精细的界定,关注特定情绪对认知和行为的影响。③

认知评价理论模型认为,个体对外界环境或事物的情绪反应,来源于由认知加工形成的评价。如果个体对同样的情绪刺激有着不同的认知评价,那么就会体验到不同的特定情绪,使个体对社会目标作出不同的社会判断和行为反应。研究者根据认知评价维度将情绪划分为不同的具体类型,例如勒纳等人提出情绪的认知评价包括:确定性、注意活动、可控感等六个维度。每一个

---

①　Bless, H., Clore, G. L., Schwarz, N., Golisano, V., Rabe, C., & Wölk, M. (1996). Mood and the use of scripts: Does happy mood make people really mindless? *Journal of Personality and Social Psychology*, 63, 585-595.

②　Isbell, L. M. (2004). Not all happy people are lazy or stupid: Evidence of systematic processing in happy moods. *Journal of Experimental Social Psychology*, 40, 341-349.

③　Lazarus, R. S. (1991). Progress on a cognitive-motivational-relational theory of emotion. *American Psychologist*, 46(8), 819-834.

维度均有高中低三个强度水平。这样维度和强度的不同组合,就形成了特定的具体情绪。其中确定性这一维度,会对个体认知和行为的产生重要的影响,因此在人际信任领域受到很多研究者的关注。确定性维度指外界情绪刺激是否可以被个体预测和理解,情绪的可预测性及其强度与信息加工过程有关。①例如愉快和愤怒情绪都属于高确定情绪,而恐惧属于高不确定情绪,确定性维度使个体对情境产生不同的确定感,影响其风险感知和决策倾向。情绪的认知评价理论模型认为,高确定性情绪下的个体倾向于采用启发式加工,对当前情境产生更多的确定感和安全感,从而更愿意承担信任他人带来的风险;高不确定性情绪下的个体倾向于系统加工,对情境的不确定感更强,会使个体认为环境中存在威胁,会回避信任他人带来的风险,个体的人际信任水平随之下降。②

我国研究者丁如一(2014)③通过信任博弈范式探查了受信者的可信赖线索和特定情绪对个体人际信任的影响。为了验证不同理论假设,研究中选择了高确定性的正性情绪开心,高确定性负性情绪愤怒和低确定性负性情绪悲伤。研究结果支持了情绪的认知评价理论模型,情绪的确定性维度,而不是效价,对认知判断产生重要影响作用。个体在开心和愤怒(高确定性)下,更容易受到外界信任线索的影响,采用启发式加工;在悲伤(低确定性情绪)下的信任判断不容易受到信任线索的影响,采用系统性加工。而在不同信任线索下,正性情绪状态下(开心)和负性情绪状态下(愤怒)的被试对受信者的信任评价不存在显著差异。

另有一些研究也发现,情绪的积极和消极效价对人际信任的影响作用似

---

① Bagneux, V., Bollon, T., & Dantzer, C. (2012). Do (un)certainty appraisal tendencies reverse the influence of emotions on risk taking in sequential tasks? *Cognition and Emotion*, 26(3), 568-576.

② Tiedens, L. Z., & Linton, S. (2001). Judgment under emotional certainty and uncertainty: The effects of specific emotions on information processing. *Journal of Personality and Social Psychology*, 81(6), 973-988.

③ 丁如一. (2014). 高确定性情绪(开心、愤怒)与低确定性情绪(悲伤)对信任的影响. 心理科学, 37(5), 1092-1099.

乎并不稳定。例如,愤怒和快乐虽然在情绪的效价上相反,但处于这两种情绪状态下的个体同样表现出人际信任水平升高。[1] 也有研究发现,中性情绪和高兴情绪,虽然在效价上存在差异,但是个体表现出的人际信任水平不存在显著差异。

三、情绪的趋避动机对人际信任的影响

情绪的认知评价理论提出,每一种具体的情绪都有对应的认知评价维度,体现了不同的评价维度和强度的结合,形成了特定的核心评价主题。情绪的核心评价主题来源于个体通过认知评价对外界刺激做出的意义解释。例如,悲伤情绪是由于与重要的人或事物的分离而体验到不可挽回的丧失,愤怒是个体由于感受到“自己”及“自己的所有物”被贬低或攻击而产生的情绪。个体对外界事物或事情的这种评价倾向具有动机的特性,在不同动机驱动下,个体作出不同的判断和决策行为。

每一种具体情绪的评价倾向体现出个体与具体环境之间的利害关系,影响个体对环境进一步加工的方式和行为反应。例如,愤怒情绪的评价倾向是趋近性的,倾向于将负性事件感知为高确定性、可控性和预测性,情境中的他人需要对此事件负责任。愤怒情绪下的个体在作出决策时倾向于更多地采用启发式,较少注意细节,更愿意承担高风险,这与积极情绪的评价倾向和加工方式相类似。恐惧情绪的评价主题促使将负性事件感知为低确定性和低可控性,个体倾向于采用系统加工,对细节更加重视,不愿意承担高风险。我们可以看到,具有同样负性效价的愤怒和恐惧情绪,由于在认知评价维度和核心评价主题上的不同,个体会对事件采取不同的加工方式,继而形成不同的判断和相应的决策倾向。

在情绪认知评价理论的基础上,情绪动机理论模型[2]进一步从趋避动机

① Daniel, M. C. & Dustin, T. (2011). The Influence of Emotion on Trust. *Political Analysis*, 24(4), 492-500.

② Gable, P. A., & Harmon-Jones, E. (2008). Approach-motivated positive affect reduces breadth of attention. *Psychological Science*, 19, 476-482.

角度阐明了不同具体情绪对个体社会行为的差异性影响。该理论认为,动机维度独立于效价和唤醒度,包含动机方向和动机强度两个特性。其中动机方向就是对外界刺激的趋近或回避,即趋利避害的倾向;动机强度指想要接近或者远离刺激的力量程度。根据情绪的动机理论模型,在人际互动中,趋近动机与信任相联系,个体倾向于接近带给自己好处的人,因为他们会提供个体期望的社会结果;回避动机和不信任相联系,个体会选择远离可能给自己带来威胁的人,因为他们会带来风险。因此,趋近动机情绪下的个体比回避动机情绪状态下的个体表现出更高的人际信任水平。

一般情况下效价和趋避方向一致,人们更愿意接近好的、积极的事物,远离不好的、消极的事物。但是也有一些情绪具有特殊性,它们的效价和动机维度是不一致的,彼此之间存在独立性,如愤怒。愤怒情绪在效价上属于消极情绪,从动机角度来看,却与主动攻击等趋近动机相联系,在动机方向维度上属于高趋近性情绪[1],因此会激发个体产生趋近行为,从而提高信任水平。中性情绪和高兴情绪,都属于低动机强度的情绪,因此在人际信任水平上没有体现出差异。

斯莱皮恩(Slepian)等人[2]的研究证明了个体的趋近和回避情绪状态可以影响对他人的信任评价,而且还发现,个体对受信者面孔的可信度评价与趋避状态存在联系,可信度评价高,会增强个体的趋近性,而可信度评价低则会增强回避性。这一研究结果说明,情绪的趋避动机和信任行为之间的影响是双向的。

有研究者从神经生理学的角度对情绪的动机维度和信任的关系进行了探查。结果发现可信度判断和左右额叶皮质活动对应的趋避动机有关,与趋近动机联系的左额叶皮质激活能够增进信任水平,与回避动机联系的右额叶皮

---

① Carver, C. S., & Harmon-Jones, E. (2009). Anger is an approach-related affect: Evidence and implications. *Psychological Bulletin*, 135, 183-204.

② Slepian, M. L., Young, S. G., Rule, N. O., Weisbuch, M., & Ambady, N. (2012). Embodied impression formation: social judgments and motor cues to approach and a-voidance. *Social Cognition*, 30(2), 232-240.

质激活则会降低信任水平,从而在神经机制层面支持了情绪的动机维度和人际信任之间的联系,趋近动机情绪促进人际信任,回避动机情绪阻碍人际信任。[①]

第三节 实证研究

一、渴望和厌恶情绪对人际信任的影响

(一)研究目的

情绪动机理论模型指出,情绪的正负效价和动机趋避方向之间存在相互独立性,唤醒度和动机强度之间也存在差异。某种情绪可能在效价上属于消极情绪,但是在动机方向上却带有趋近性,例如愤怒情绪,就是典型的一种高趋近动机的消极情绪。

越来越多的研究开始关注情绪在信任形成中发挥的重要作用,因为一个人在作出他人是否可信的决策时,离不开情感加工。不同的情绪状态会加强或者减弱人际信任倾向。本研究基于情绪动机维度模型,采用模拟"小人"任务范式,探讨高趋近和高回避动机情绪对人际信任判断的影响。

(二)研究方法

1. 被试

采取方便取样的方法,选取大学在校大学生 75 名,平均年龄 20.75±1.59 岁。其中男生 15 名,女生 60 名。均为右利手,裸眼视力或矫正视力正常。将被试随机分为不同情绪条件组:厌恶组、渴望组和中性组,每组被试 25 人。

① Slepian, M. L., Young, S. G., & Harmonjones, E. (2017). An approach-avoidance motivational model of trustworthiness judgments. *Motivation Science*, 3(1), 91-97.

2.实验材料

(1)情绪诱发图片

情绪诱发图片出自网络图库,其中诱发厌恶图片、诱发渴望图片和诱发平静图片各25张。厌恶图片的图片内容包括蟾蜍、蜘蛛和垃圾等,渴望图片的图片内容包括美食、可爱的动物和微笑的婴儿等,平静图片的图片内容包括文具、桌椅等。中性面孔图片出自中国情绪图片系统。[①] 三组图片经过评定在愉悦度、唤醒度和熟悉度上符合实验要求。

(2)面孔图片材料

30张中性情绪面孔,来源于取自中国情绪图片系统,使用 Photoshop 统一处理亮度和对比度,去掉面孔头发部位,分辨率为260×300。

经30名心理学专业研究生进行专家评定,30张图片在信任度、吸引度、愉悦度和情绪强度上符合实验要求。

(3)模拟小人简笔画

设计了三张简笔画小人的图像,通过不同的肢体动作,分别表达小人站立,向左走,向右走的动作姿势。图片像素162×388。

(4)情绪自评量表

参照罗津等人[②]对情绪的评价方法,采用李克特7点量表进行情绪体验自我评分。其中1代表没有该情绪体验,7代表该情绪体验非常强烈。从1–7情绪体验强度依次增加。本量表共包括平静、愉快、厌恶、愤怒、恐惧和悲伤六个维度。被试需要根据自身当时的情绪反应如实地在每一个维度上进行1–7级的评分。

3.实验仪器

实验程序通过 Superlab 4.3 系统呈现,呈现刺激的显示器为戴尔17寸显

---

① 白露,马慧,黄宇霞,罗跃嘉.(2005).中国情绪图片系统的编制—在46名中国大学生中的试用.中国心理卫生杂志,19(11),719–722.

② Rozin, P. , Millman, L. , & Nemeroff, C. (1986). Operation of the laws of sympathetic magic in disgust and other domains. *Journal of Personality and Social Psychology*, 50(4), 703–712.

示屏,分辨率为 1024×768,被试距屏幕距离约为 55 厘米。采用美国 BIOPAC 公司生产的 MP150 型 16 导生理记录仪监测记录被试在观看图片时心电指数、皮电指数和呼吸率的变化情况。

4. 实验设计

实验使用 3(情绪类型:渴望、厌恶和中性)×2(反应类型:接近、回避)两因素混合实验设计。其中情绪类型为被试间变量,反应类型为被试内变量,因变量为反应时、趋近率和面孔信任主观评定。

5. 实验程序

被试进入实验室后,稍事休息,主试简要介绍实验,连接生理多导仪,让被试放松,进行 2 分钟的基线测定,随后进行情绪的自主评定。

第二步是情绪诱发阶段。屏幕上呈现注视点后开始呈现情绪图片,呈现完毕后立即进行情绪的自主评定。每组被试观看相应情绪图片 25 张图片,每张图片呈现的时间为 5s。

第三步是"模拟小人"任务。首先向被试说明指导语,介绍任务情境:现在你需要去见一个陌生的合作人,根据陌生人的面孔,你可以通过按键选择接近或远离他,接近代表信任,远离代表不信任,呈现后可以操纵小人接近或者远离该面孔,接近表示信任,远离表示不信任。被试左手食指放在键盘的"Q键"上,按下后小人将会向左走,在方向上接近或远离合作人;被试右手食指放在"P 键"上,按下小人将会向右走,在方向上接近或远离合作人。为了防止反应定势、平衡操作效应,模拟小人出现在合作人的左侧或右侧的次数相等。练习阶段,在屏幕上中央呈现小人时,让被试想象"模拟小人"就是自己,加强代入感。练习程序与正式实验相同,情绪和面孔图片均采用中性。确保被试完全理解题意,按键正确率达到 90%后,才能进入正式实验。

"模拟小人"任务具体流程是:首先左侧或者右侧呈现"+"字注视点,呈现时间持续 1000ms,注视点消失后在相同位置呈现模拟小人,呈现时间为 800ms,然后在屏幕中心会呈现合作人面孔,被试根据面孔作出判断,如果选择信任对方,则通过键盘的 P 键或 Q 键操纵小人接近面孔,如果选择不信任对方,则操纵小人远离对方。屏幕上的小人将会向左或向右做出相应姿态动作。从视觉上,可以看到小人走近或远离面孔。共进行 60 个 trail。30 张面孔重复出现一次,其中面孔出现在小人左侧 30 个 trail,出现在右侧 30 个 trail。

最后,面孔信任评定。60 个 trail 结束后,屏幕中央依次呈现实验过程中出现的 30 张中性情绪面孔,采用 7 级评分,1 表示非常不信任,7 表示非常信任,被试通过数字键盘对面孔依次进行信任评分。

6. 生理数据的分析与采集

(1)心血管系统活动,采用心率(heart rate,HR)和心率变异性(heart rate variability,HRV)指标。使用一次性 Ag/AgC1 电极贴片,将传感器一端以 I 导联方式连接于被试,另一端连接生理仪 ECG100C 模块,采样率为 200Hz。心率变异性使用 HRV 频域分析指标:高频(high frequency HRV,HF-HRV)和低频(low frequency HRV,LF-HRV)。HF-HRV 反映副交感神经系统活性,LF-HRV 在一定程度上反应交感神经系统活性,但是会受到副交感神经系统影响。因此研究使用低频高频比(LF/HF-HRV)代表交感神经系统张力。

(2)皮肤电活动,采用皮肤电导反应(skin conductance responses,SCR)作为皮肤电活动指标。将传感器的一端缠绕在被试左手食指和无名指的末端指腹处,另一端连接生理记录仪的 GSR100C 模块,采样率为 200Hz。皮肤电活动变化反映了个体汗腺分泌的激活,主要受交感神经系统支配。

(3)呼吸系统,采用呼吸频率作为呼吸系统指标。将呼吸描记放大器(RSP100C)的呼吸传感器(TSD101)连接于被试的胸部,记录被试在实验过程中呼气和吸气的频率。

所采集的生理数据采用 Acqknowledge 4.1 软件进行后期处理。计算出基线以及情绪唤醒和适应各阶段的心率、皮电反应和呼吸率的均值。

(三)实验结果

1. 情绪诱发自我评定结果

为了检验渴望、厌恶、中性情绪组的主观情绪体验和自主神经反应在基线期是否具有等组性,对五种主观情绪体验和三种生理指标分别进行独立样本 t 检验,结果显示两组之间在各指标上均不存在显著差异($ps \geq .407$)。

对三组被试目标情绪在诱发前后的变化进行描述统计,结果见表 3-1。

表 3-1　不同情绪类型被试主观体验变化 $[M(SD)]$

情绪	渴望组		厌恶组		中性组	
	基线期	诱发后	基线期	诱发后测	基线期	诱发后
渴望	2.60(0.27)	4.52(0.33)	2.64(0.23)	2.44(0.33)	2.16(0.27)	2.20(0.25)
厌恶	1.48(0.17)	1.28(0.11)	1.44(0.13)	4.20(0.37)	1.16(0.08)	1.28(0.11)
中性	4.20(0.35)	3.44(0.28)	4.32(0.30)	2.64(0.24)	5.44(0.25)	5.04(0.30)
愤怒	1.20(0.12)	1.24(0.15)	1.36(0.16)	1.56(0.14)	1.12(0.09)	1.12(0.12)
快乐	3.12(0.30)	3.56(0.30)	2.96(0.27)	2.96(0.32)	3.24(0.40)	3.20(0.40)
悲伤	1.44(0.17)	1.32(0.13)	1.84(0.17)	1.84(0.15)	1.48(0.17)	1.48(0.22)

采用 3(情绪类型:渴望、厌恶、中性)×2(测量阶段:基线期、诱发后)对各种情绪体验得分进行两因素混合方差分析,情绪类型为被试间因素,任务类型为被试内因素。结果表明:(1)渴望情绪组,在观看图片后,渴望情绪显著升高 $[F(1,24) = 25.77, p < 0.001, \eta_p^2 = 0.52]$,且显著高于厌恶组和中性组 $[F(2,23) = 21.34, p < 0.001, \eta_p^2 = 0.65]$;(2)厌恶情绪组,观看图片后,厌恶情绪显著提升 $[F(1,24) = 52.80, p < 0.001, \eta_p^2 = 0.69]$,并且显著高于渴望组和中性组 $[F(2,23) = 3.72, p < 0.001, \eta_p^2 = 0.70]$;(3)中性情绪组,在观看图片后,情绪无显著变化,但是在平静情绪上显著高于渴望组和厌恶组 $[F(1,30) = 97.52, p < 0.001, \eta_p^2 = 0.765]$。

2. 情绪诱发生理观测结果

三组被试在情绪诱发前后生理数据变化如表3-2所示。

表3-2　3组被试前后生理变化描述统计[$M(SD)$]

	渴望组		厌恶组		中性组	
	基线期	诱发期	基线期	诱发期	基线期	诱发期
心率 （bmp）	92.72 （26.55）	96.82 （26.75）	94.87 （26.01）	99.46 （25.49）	83.97 （14.26）	90.40 （20.01）
皮电 （μs）	7.10 （4.00）	7.85 （4.14）	7.47 （3.80）	8.20 （3.90）	6.26 （4.23）	6.62 （4.69）
呼吸 （bmp）	12.80 （2.37）	14.84 （2.30）	13.04 （2.55）	8.20 （3.90）	13.38 （4.20）	15.04 （3.12）

对渴望组、厌恶组和中性组的心率、皮电和呼吸率三个生理数据进行两因素混合方差分析，结果显示：（1）心率指标上，测量时间的主效应显著，$F(1, 24) = 6.54, p < 0.05, \eta_p^2 = 0.21$被试在观看图片后心率上升（2）皮电指标上，测量时间的主效应显著，$F(1, 24) = 41.40, p < 0.001, \eta_p^2 = 0.63$，被试在观看图片后皮电反应增强；（3）呼吸率指标上，测量时间的主效应显著，$F(1, 24) = 13.99, p < 0.01, \eta_p^2 = 0.37$。

3. 信任水平结果

三组被试趋近和回避的平均反应时的描述统计结果见表3-3。

表3-3　三组被试在信任情境中趋避行为反应时（ms）描述统计[$M(SD)$]

情绪类型	趋近	回避
渴望	716.56（37.24）	864.46（53.37）
厌恶	828.60（55.53）	743.89（51.35）
中性	863.85（73.14）	876.92（72.88）

对反应时进行两因素混合方差分析，结果显示，当渴望情绪条件下，反应

类型差异显著,$F(1,24)=18.47$,$p<0.001$,$\eta_p^2=0.44$,被试趋近反应时间显著快于回避反应时间;在厌恶情绪条件下,反应类型差异显著,$F(1,24)=10.67$,$p<0.01$,$\eta_p^2=0.31$,被试回避反应时显著快于趋近反应时;在中性条件下,反应类型差异不显著,$p>0.05$。

三组被试对实验中呈现的不同表情面孔信任评分结果见表3-4。

表3-4　三组被试对面孔的信任评分描述统计[$M(SD)$]

情绪类型	信任评分
渴望	118.24(17.71)
厌恶	102.44(19.73)
中性	115.68(11.99)

对面孔信任评价得分进行单因素方差分析,结果显示情绪类型主效应显著,$F(2,72)=6.37$,$p<0.01$。事后检验发现,渴望情绪下被试信任评分显著高于中性情绪和厌恶情绪条件,中性情绪下的信任评分显著高于厌恶情绪条件。

(四)分析与讨论

主观情绪体验和自主神经系统的活动变化是情绪唤醒时的重要特征,特定自主反应模式为个体在不同情境下做出适应性行为提供生理唤醒上的必要准备。[1] 本研究用情绪图片诱发被试的目标情绪,从情绪自评量表和生理指标上,均显示三组被试分别被成功诱发出了渴望、厌恶和中性情绪状态。

情绪的动机理论模型[2]从情绪的动机维度对不同情绪对人际信任行为的差异性影响作出了阐释。该理论指出在人际互动中,个体倾向于接近带给自

---

① Stemmler, G. (2004). Physiological processes during emotion. In P. Philippot & R. S. Feldman (Eds.), *The regulation of emotion* (pp. 33−70). Mahwah, NJ: Erlbaum.

② Gable, P. A., & Harmon−Jones, E. (2010). The motivational dimensional model of affect: Implications for breadth of attention, memory, and cognitive categorization. *Emotion and Cognition*, 24, 322−337.

己好处的人,因为他们会提供个体期望的社会结果,因此情绪的趋近动机将导向高的信任水平;个体会选择远离可能给自己带来威胁的人,因为他们会带来风险,情绪的回避动机将促使人们做出不轻信的判断与决策。由此研究者得出,趋近动机情绪下的个体会比回避动机情绪状态下的个体表现出更高的人际信任水平。[①]

本研究采用改进的"模拟小人"范式,模仿真实世界的信任场景,为个体创设了一种需要进行信任判断的情境,通过考察个体的趋避行为反应来考察不同动机方向的渴望与厌恶情绪对人际信任行为的影响。本研究条件下,得到的结果支持了情绪的动机理论模型。个体在趋近性动机强度高的渴望情绪下,倾向于选择信任对方,在回避性动机强度高的厌恶情绪下倾向于选择不信任对方。事后面孔信任评分进一步支持了这一结论,趋近性动机情绪可以提高信任水平,回避性动机情绪降低信任水平。

二、受信者的悲伤和厌恶表情对人际信任的影响

(一)研究目的

情绪动机理论指出,情绪对人际信任的影响不是基于正负效价而是基于高低强度的趋近—回避维度。[②] 悲伤和厌恶在效价上同为负性情绪,在动机维度上同样具有回避倾向,但是二者在动机强度上存在差异。厌恶情绪由更强烈的回避性刺激引发,在回避动机强度上高于悲伤情绪。

本研究从情绪动机的强度特性出发,探讨动机方向相同、强度不同的悲伤和厌恶情绪对人际信任水平的影响。根据以往研究结果,我们作出推测:受信

---

① Slepian, M. L., Young, S. G., Rule, N. O., Weisbuch, M., & Ambady, N.. (2012). Embodied impression formation: social judgments and motor cues to approach and avoidance. *Social Cognition*, 30(2), 232-240.

② Gable, P. A., & Harmon-Jones, E. (2010). The motivational dimensional model of affect: Implications for breadth of attention, memory, and cognitive categorization. *Emotion and Cognition*, 24, 322-337.

者的面部表情会影响个体对其信任水平。个体对厌恶面孔比悲伤面孔的回避动机更强,更容易产生不信任感。

(二)研究方法

1. 被试

采取方便取样的方法,选取大学在校大学生 32 名,平均年龄 20.75±2.37 岁。其中男生 10 名,女生 22 名。均为右利手,裸眼视力或矫正视力正常。将被试随机分为不同情绪条件组:悲伤组、厌恶组各 11 人,中性组 10 人。

2. 实验材料

情绪面孔图片出自中国情绪图片系统。[①] 其中中性图片、悲伤面孔图片和厌恶面孔图片各 20 张,男女各半。使用 Photoshop 统一处理亮度和对比度,去掉面孔头发部位,分辨率为 260×300。图片经 30 名心理学专业研究生评定,在愉悦度、唤醒度、熟悉度和外貌吸引度上符合实验要求。

3. 实验设计

本实验为被试内设计,自变量为不同面孔情绪(情绪类型:厌恶、悲伤和中性)和反应类型(趋近、回避),因变量为被试趋避行为的反应时和趋近率,以及事后信任评分。

4. 实验程序

被试进入实验室后,稍事休息,主试简要介绍实验,让被试放松,进行 2 分钟的基线测定,随后进行情绪的自主评定。

第二步是"模拟小人"任务。首先向被试说明指导语,介绍任务情境:现在你需要去见一个陌生的合作人,根据陌生人的面孔,你可以通过按键选择接近或远离他,接近代表信任,远离代表不信任,呈现后可以操纵小人接近或者远离该面孔,接近表示信任,远离表示不信任。被试左手食指放在键盘的"Q

---

① 白露,马慧,黄宇霞,罗跃嘉.(2005).中国情绪图片系统的编制—在 46 名中国大学生中的试用.中国心理卫生杂志,19(11),719-722.

键"上,按下后小人将会向左走,在方向上接近或远离合作人;被试右手食指
放在"P键"上,按下小人将会向右走,在方向上接近或远离合作人。为了防
止反应定势、平衡操作效应,模拟小人出现在合作人的左侧或右侧的次数相
等。练习阶段,在屏幕上中央呈现小人时,让被试想象"模拟小人"就是自己,
加强代入感。练习程序与正式实验相同,面孔情绪采用中性。确保被试完全
理解题意,按键正确率达到90%后,才能进入正式实验。

"模拟小人"任务具体流程是:首先左侧或者右侧呈现"+"字注视点,呈现
时间持续1000ms,注视点消失后在相同位置呈现模拟小人,呈现时间为
800ms,然后在屏幕中心会呈现合作人面孔,被试根据面孔做出判断,如果选
择信任对方,则通过键盘的P键或Q键操纵小人接近面孔,如果选择不信任
对方,则操纵小人远离对方。屏幕上的小人将会向左或向右做出相应姿态动
作。从视觉上,可以看到小人走近或远离面孔。

共进行120个trail。在呈现上平衡了面孔与小人的相对位置和面孔的性
别,其中面孔出现在小人左侧60个trail,出现在右侧60个trail。

最后,面孔信任评定。全部判断任务结束后,屏幕中央依次呈现实验过程
中出现的60张情绪面孔,采用7级评分,1表示非常不信任,7表示非常信任,
被试通过数字键盘对面孔依次进行信任评分。

5.实验仪器

实验程序通过Superlab 4.3系统呈现,呈现刺激的显示器为戴尔17寸显
示屏,分辨率为1024×768,被试距屏幕距离约为55cm。

(三)实验结果

被试面对受信者不同情绪面孔时,做出趋近和回避选择的反应时结果见
表3-5。

表 3-5　不同面孔表情条件下的趋避行为反应时[M(SD)]

面孔情绪类型	趋近反应时	回避反应时
中性	584.60(26.22)	669.57(39.68)
悲伤	656.69(28.20)	604.01(29.54)
厌恶	713.84 (36.49)	539.67(27.98)

对反应时数据进行 3(面孔情绪类型:中性、悲伤、厌恶)×2(反应类型:趋近任务、回避任务)的重复测量方差分析,结果发现:反应类型主效应显著,$F(1,31) = 5.25$,$p<0.05$,$\eta_p^2 = 0.15$。趋近反应时显著长于回避反应时;面孔情绪类型和反应类型交互作用显著,$F(2,30) = 27.07$,$p<0.001$,$\eta_p^2 = 0.47$。进一步简单效应分析发现,当反应类型为趋近时,三种面孔情绪类型之间反应时差异显著,$F(2,30) = 10.74$,$p<0.001$,$\eta_p^2 = 0.41$。事后检验结果显示,中性情绪面孔的反应时最快,显著少于悲伤情绪和厌恶面孔,悲伤面孔下的趋近反应时显著厌恶面孔。当反应类型为回避时,三种面孔情绪类型之间反应时差异显著,$F(2,30) = 14.96$,$\eta_p^2 = 0.50$, $p<0.001$,事后检验结果显示,厌恶面孔下被试的回避反应显著快于悲伤和中性面孔条件,悲伤情绪下回避反应时间显著快于中性情绪。

对被试事后面孔信任等级评分结果进行描述统计,被试对实验中呈现的不同情绪类型面孔信任评分结果见表 3-6。

表 3-6　三种情绪面孔的信任评分描述统计[M(SD)]

情绪类型	信任评分
中性	91.38(16.12)
悲伤	68.88(18.67)
厌恶	47.03(17.06)

对面孔信任评价得分进行重复测量方差分析,$F(2,30) = 77.41$,$p<0.001$,$\eta_p^2 = 0.71$。结果显示,对中性面孔的信任评分显著高于悲伤面孔和厌恶面孔,对悲伤面孔的信任评分显著高于厌恶面孔。

(四)讨论

本研究采用改进的"模拟小人"范式,考察受信者的面孔情绪对人际信任行为的影响。作为研究趋避行为的经典范式,模拟小人任务在效度和指标敏感度上得到很多研究者的认可。①②③ 本研究对该范式进行了改进,并在任务之前,模拟现实生活情境,加入了信任决策任务背景,进一步提高了研究的生态学效度。实验中不同表情面孔的合作人呈现在屏幕中央,被试通过操纵代表自己的"小人"移动,做出接近或远离的行为,表达对合作人的信任和不信任,在视觉上被试可以通过由小人和面孔之间距离的变化清晰地感受到决策的结果。

实验情境中创设的合作人角色,就是被试的受信者,其面孔情绪包含中性、悲伤和厌恶三种不同条件。根据情绪动机理论④,不同情绪在动机维度上具有不同的特点,不同情绪的功能差异很大程度上取决于动机方向和动机强度上的差异。中性情绪在动机方向上具有低强度趋近性的特点,厌恶和悲伤情绪在动机方向上均带有回避性,在动机强度上存在差异。厌恶情绪具有高强度回避性,悲伤具有低强度回避性。本研究结果证实了情绪的不同动机强度对人际信任的影响。个体面对悲伤和厌恶情绪面孔的受信者时,都表现出回避倾向,因此趋近反应时显著长于中性面孔条件。而高回避的厌恶面孔条件下,使个体回避行为的反应时最快。当作出趋近选择时,当受信者是中性面

① Krieglmeyer, R. ,& Deutsch, R. (2010). Comparing measures of approachavoidance behaviour: The manikin task vs. two versions of the joystick task. *Cognition and Emotion*, 24(5), 810-828.

② Krueger, F. , Grafman, J. , & McCabe, K. (2008). Neural correlates of economic game playing. *Philosophical Transactions of the Royal Society of London B: Biological Sciences*, 363(1511), 3859-3874.

③ 马惠霞,宋英杰,刘瑞凝,朱雅丽,杨琼,郝胤庭. (2016). 情绪的动机维度对趋避行为的影响. 心理科学, 9(05), 1026-1032.

④ Gable, P. A. , & Harmon-Jones, E. (2010). The motivational dimensional model of affect: Implications for breadth of attention, memory, and cognitive categorization. *Emotion and Cognition*, 24, 322-337.

孔时,个体更倾向于较快地接近。从信任角度,我们同样可以看出,不同情绪动机维度对信任决策的影响。总体而言,对中性面孔的信任评分显著高于悲伤面孔和厌恶面孔,对悲伤面孔的信任评分显著高于厌恶面孔。

　　本研究条件下得出,受信者的情绪信息是促使个体作出信任评价的重要线索,情绪的趋避动机方向和强度与我们的信任决策行为反应具有一致性,研究结果进一步证实了情绪的动机维度理论。

第四章　内疚情绪与亲社会行为

第一节　内疚情绪概述

一、内疚定义

内疚属于一种典型的自我意识道德情绪,在内疚研究的历史上,对其内涵的界定与现代研究存在较大差异。精神分析学派心理学家弗洛伊德认为,内疚的产生源于个体在幼儿时期被父母惩罚或者抛弃的经历,由此引发的一种焦虑状态。如果童年期的内疚情绪没有得到妥当处理,将会成为个体成年期情绪困扰的重要诱因之一。[①] 随着内疚情绪研究的发展,后期的研究者倾向于从道德角度对内疚进行界定,其中以霍夫曼[②]的移情—内疚理论为代表。霍夫曼认为内疚是个体因为做出了违背社会道德准则的行为,伤害到他人的利益,个体认为自己需要对此结果负责而产生的一种自我反省情绪体验。[③]

---

① O'Connor, Berry, Weiss, Bush, & Sampson, (1997) Interpersonal guilt: The development of a new measure. *Journal of Clinical Psychology*, 53, 73–89.

② Hoffman, M. L. (1985). Interaction of affect and cognition in empathy. *Emotion Cognition & Behavior*. Cambridge University Press.

③ Hoffman, M. L. (2003). Empathy and Development: Implication for caring and Justice. *Ethic*, 113(2), 417–419.

移情—内疚理论强调个体对他人感受的理解,是个体感受到他人因为自己的错误而产生痛苦的移情反应,因此内疚包含情感和认知两个主要成分。

在后期的研究中,内疚的定义大多延续了霍夫曼的思想,从认知和情感两个方面展开对内疚的研究。首先是个体对自己行为及结果的认知,认为自身行为违反了道德准则,对他人造成了伤害,自己需要对此负责任而体验到自责、悲伤、后悔等负性情绪体验。有研究者提出,个体的道德违规行为并不一定真实发生,假想的不道德行为或者行为意图同样会使个体产生内疚体验。[1]

内疚在效价上是一种负性情绪体验,但是它的动机和行为倾向有明显的亲社会性,可以促进利他行为,因此内疚是一种重要的道德情绪。当意识到自己的行为造成伤害性结果时,内疚情绪体验会驱使个体做出道歉、补偿等亲社会行为,这对于人际关系的维持和修复具有重要作用。有研究指出,内疚情绪不会影响个体对道德自我的认同,内疚下的个体会反省自己的错误行为,并感到后悔。[2] 内疚与亲社会行为有正相关的关系,可以增加个体的道德行为并抑制不道德行为。[3]

二、内疚的分类

为了深入探讨内疚情绪的产生机制,研究者根据内疚情绪的诱发情境、道德准则、个人与群体关系等层面对内疚情绪进行了划分。

---

[1]　Baumeister, R. F. , Stillwell, A. M. , & Heatherton, T. F. . (1994). Guilt：an interpersonal approach. *Psychological Bulletin*, 115(2), 243-267.

[2]　Breugelmans, S. M. , & Poortinga, Y. H. . (2006). Emotion without a word：shame and guilt among rarámuri indians and rural javanese. *Journal of Personality & Social Psychology*, 91(6), 1111-1122.

[3]　Tangney, J. P. , Stuewig, J. , & Mashek, D. J. (2007b) . What's moral about the self-conscious emotions. In J. L. Tracy, R. W. Robins & J. P. Tangney (Eds.) , *The self-conscious emotions：Theory and research* (pp. 21-37) . New York：Guilford Press.

(一)违规内疚与虚拟内疚

霍夫曼[①]根据是否存在实质性的伤害或违规行为将内疚划分为违规内疚和虚拟内疚。违规内疚就是我们一般意义上理解的,由于自己的过错行为而体验的负性情绪,是伴随着实际发生的伤害行为或者违规行为的内疚情绪,具体来说是个体在人际互动中伤害了他人或群体的利益或者违反了道德规范后所产生的痛苦、自责、悔恨的负性情绪体验,其中道德规范指被社会成员公认的道德规范、团体行为准则,以及个体在成长过程中已经内化的行为准则。比如由于自己的失误,造成工作搭档的利益受损,让搭档感到悲伤,个体会产生一种感同身受的情感,这就是共情,是看见他人的痛苦时产生的同样情绪体验,此外,对社会交往排斥的焦虑也是内疚产生的原因。

违规内疚经常在我们日常社会生活中出现,包括违反规则和伤害他人两种情况。其中违反规则内疚指个体的行为违背了社会道德规范,可以没有特定的伤害对象,例如在学校中违反遵守纪律规定或者破坏社会公物。伤害他人内疚则是个体的行为对特定的人及其所有物造成损害,往往存在对受害人身体、精神上的直接伤害或者造成其所有物损坏,如有意或者无意撞伤他人、摔坏了他人的水杯等,都会引发个体的内疚情绪。

虚拟内疚是霍夫曼[②]提出的区别于违规内疚的一个概念。在一些人际情境中,个体并没有做出实际伤害到他人的行为,也没有直接违反社会道德准则,但是个体认为他人或其物品遭受到的伤害与自己有间接的关系,自己要为事件的发生担负一定责任,因此也会出现自责、焦虑等负性情绪体验,称为虚

[①] Hoffman, M. L. (1985). Interaction of affect and cognition in empathy. *Emotion Cognition & Behavior*. Cambridge University Press.

[②] Hoffman, M. L. (2000). *Empathy and Moral Development*. UK: Cambridge University Press.

拟内疚。实际上在霍夫曼之前,已经有学者关注到这个特殊类型的内疚。[①]
研究人员观察 15~20 个月大的婴儿和母亲之间的互动,评估婴儿的情绪体
验。当婴儿注意到母亲没有明显原因出现难过的表情时,婴儿也会表现出悲
伤的情绪,并且会试图通过自己的方式靠近母亲,安慰母亲。而且研究发现,
在参与研究的婴儿中,有三分之一的人会表现出责怪自己,就像是由于自己的
原因使母亲难过,这就是虚拟内疚的雏形。婴儿并没有实际做出伤害母亲、使
母亲感到难过的行为,也没有违反某些道德规范,但是婴儿还是倾向于将母亲
的负性情绪进行自我归因,认为是自己造成这样的结果,从而产生自责、难过
的负性情绪。虚拟内疚普遍存在于现实生活中,我们对此并不陌生。例如,有
些时候,我们会因为自己"本可以做"或者"应该做、能够做"来阻止某些事情
发生,但是实际上却没有做,而体验到虚拟内疚。例如,一个母亲面对孩子的
某些意外伤害时,会进行自我归因,认为自己本可以做一些事情避免孩子受到
伤害,但是实际上却没有做而体验到高度的自责、悔恨的虚拟内疚。霍夫曼认
为虚拟内疚的产生和发展对于个体的道德感和自律行为至关重要。

　　霍夫曼按照虚拟内疚发生的情境,将其划分为四种类型:第一种是责任型
内疚,是指当个体作为团队领导者或组织者时,由于团队成员出现不可预测的
意外伤害结果时所产生的自责内疚情绪体验。尽管伤害行为的发生与个体自
身无直接关系,但是个体会感到自己肩负着管理团队的责任,自己会不断反思
成员的意外受伤事件,反省自己本可以采取预防措施从而避免伤害事件,因此
责备自己,陷入虚拟内疚之中。第二种是成长型内疚,指自己的成就或者所获
得的资源超过别人时,因为觉得自己获得了别人没有得到的好处而感到的一
种内疚。第三种是关系型内疚,指个体面对有亲密关系他人的悲伤时,自己也
会感到悲伤,并且会责备自己,认为他人的悲伤是由于自己的原因造成的。最
后是幸存性内疚,指在不可抗的灾害过后,当自己幸存下来而其他人失去生命

---

　　① Zahn-Waxler, C. (2000). The Development of Empathy, Guilt, and Internalization
of Distress. : implications for gender difference in internalizing and externalizing problems. In R.
Davidson (Ed.) Anxiety, Depression, and Emotion: Wisconsin symposium on emotion (Vol. 1.
Pp. 222-265) New York: Oxford university press.

后,自己对他人的死亡产生的内疚情绪。

(二)群体内疚

群体内疚指当个体所属的内群体对外群体做出了不道德伤害行为时,作为内群体的成员,个体体验到的内疚情绪。[①] 群体内疚与虚拟内疚具有一个共同的特点,就是个体没有真正参与到所属群体做出的不道德伤害行为中,而是为自己所在群体对外群体造成的伤害而感到难过、自责、悔恨。例如,"二战"期间德国纳粹对犹太民族造成了巨大伤害,近600万犹太人惨遭屠杀,其中近100万是儿童。之后整个德国及其后代因为此历史事件体验到群体内疚,内心备受煎熬。

有研究者提出,群体内疚不是个体内疚情绪在群体层面的简单延伸。[②] 已有研究从不同角度探讨了群体内疚的具体内涵。群体内疚产生的第一个前提是个体对自己内群体身份的认同。根据社会认同理论,内群体成员身份的认同会对个体的心理和行为产生重要影响。个体会因为内群体其他成员获得的荣誉而感到自豪,同样也会因为其他成员做出不道德伤害行为而感到内疚。第二,群体内疚是群体层面的内疚情绪,而内疚本身是一种聚焦于自我的情绪体验,是个体根据自己的道德准则对不道德行为的反省。也就是说,群体内疚的产生源于个体自身内化的道德准则,如果所属群体成员违反了自身的道德准则,个体会因为自己是这个群体的一员,而体验到内疚情绪。第三,群体内疚引发的行为倾向与个体内疚相似,都会促使个体做出积极的亲社会补偿行为,但是两者不同的是,补偿的对象不一定是直接受害者,个体可能会在群体层面对所造成的伤害进行弥补。

---

① Ferguson, M. A., & Branscombe, N. R. (2014). The social psychology of collective guilt. In C. von Scheve & M. Salmela (Eds.), *Collective emotions* (pp. 251-265). Oxford, England: Oxford University Press.

② 殷融,张菲菲,王元元,许志红. (2017) 群体内疚:界定、心理机制、行动倾向及干预策略. 心理科学进展,25(06),1058-1068.

(三) 替代性内疚

替代性内疚是指个体并没有实际做出违反规则或者对他人造成伤害的行为,但是做出伤害行为的人与个体之间有较高的社会认同或者人际亲密的关系,那么个体也会因为他人的伤害行为而替代性地体验到内疚情绪。[①] 例如,如果个体的家人或朋友做出违背自己道德准则的行为,个体由于与违规者的亲密关系而感同身受地产生内疚情绪。进一步的研究表明,这种亲密关系,除了人际关系的紧密外,物理距离上的接近也会产生同样的效果。如果一个人与做出违反道德规范的他人有直接或间接的物理接触,即使没有实际的人际联系,也会体验到替代性内疚。[②] 例如,当个体与存在偷窃行为的学生握手(直接接触)或者坐在有盗窃行为学生的座位上(间接接触),个体会体验到一定程度的替代性内疚。

三、内疚的发展

一般认为,基本情绪的产生先于自我意识情绪,道德情绪是以基本情绪的产生和发展为基础的。悲伤、快乐等基本情绪在人类婴儿 9 个月大的时候,就已经完全显现。在大概 3 岁的时候,随着个体相应认知能力的发展,一些特定的道德情绪才开始出现,比如内疚、自豪等。[③]

有研究者提出个体内疚情绪是遵循一定的规律,随着年龄的增长和社会

---

① Lickel, B, Schmader, T., Curtis, M., Scarnier, M., & Ames, D. R. (2005). Vicarious shame and guilt. *Group Processes & Intergroup Relations*, 8(2), 145-157.

② Eskine, K. J., Novreske, A., & Richards. (2013). Moral contagion effects in everyday interpersonal encounters. *Journal of Experimental Social Psychology*, 49(5), 947-950.

③ Lewis, M. (2008). The emergence of human emotions. In M. Lewis, J. M. Haviland-Jones & L. F. Barrett (Eds.), *Handbook of emotions* (3rd ed., pp. 265-281). New York: Guilford Press.

经验的丰富,逐步发展形成的。①

第一个发展阶段是在0～3岁。伴随自我意识的形成和发展,儿童开始将自我和他人进行区分,产生初级的自我意识情绪,例如同情和嫉妒等移情性反应。儿童长到2～3岁的时候,开始能够根据外界的规则对自己的行为进行判断。但是由于还不具备觉知他人内部心理状态的能力,儿童无法确定自己的行为是否对他人造成了伤害,因此这个阶段的儿童不会产生内疚情绪,也不能很好地理解内疚的含义。

第二阶段是4～5岁。随着年龄增长,儿童心理理论进一步发展,能够更好地理解、区分自己和他人的情绪,能够觉知他人的内部情绪感受,并且根据道德规则认识并判断自己的行为和他人受到伤害之间的关系,因此这个阶段的儿童开始产生内疚情绪。但是这个阶段儿童对规则的认知大多停留在权威人物制定的行为规范,没有内化为自己的道德准则。

第三个阶段6～8岁。这个阶段的儿童自我意识水平不断提高,能够理解伤害或违规行为给他人造成的伤害,并且进行自我归因,知道自己需要对违反道德规范的行为承担责任,因为自己伤害到他人的利益而体验到负性情绪,并会尝试做出亲社会补偿行为。

第四个阶段是9～12岁。这个阶段的儿童自我意识水平和判断评估能力得到很好发展,道德认知和道德情绪也随之提高。儿童能够进行自我觉察和自我反省,对做出违反社会和自我道德准则的行为感到内疚,能根据自己和他人的情绪以及对情境的认知来指导自己的行为。这个阶段的儿童虚拟内疚水平也得到发展,在一些情况下,儿童没有实际伤害到他人,也没有实际违反社会道德准则,但是会为产生了违反道德规范的想法而感到自责、痛苦。

---

① Mascolo, M. F., & Fischer, K. W. (1995). Developmental transformations in appraisals for pride, shame, and guilt. In J. P. Tangney & K. W. Fischer (Eds.), *Self-conscious emotions: The psychology of shame, guilt, embarrassment, and pride* (pp. 64-113). New York: Guilford Press.

第二节　内疚与亲社会行为的关系

一、内疚对亲社会行为的促进作用

内疚作为一种自我意识情绪,对个体的道德水平发展和人际关系起到重要的调节作用。研究显示,内疚情绪与亲社会行为倾向之间存在显著的正相关,内疚情绪体验可以促进个体修正不道德行为,促进利他性的道德行为。[①]内疚下的个体会由于对伤害行为进行自我反省而感到后悔、自责,从而产生承认错误、自我忏悔、自我惩罚和向受害者道歉等补偿行为,以减轻心中的愧疚,这些行为对于人际关系具有维持和补救的重要作用。[②]

内疚是一种个体自己意识到对另一个人造成伤害之后产生的自责、悔恨的负性情绪,和其他自我意识的情绪一样,内疚情绪推动个体进行自我觉察和反省,对自身行为有着重要的约束和监控作用。内疚感可以激发修复行为,促使个体弥补伤害行为,促进社会公平,在人际互动、调节社会关系中发挥着重要的作用。

脑成像研究结果显示,个体对内疚经历的回忆,会显著激活大脑的双侧颞叶、前扣带回和左侧额下回/前脑岛区域。[③]研究者认为,这些脑区血流活动增强与焦虑感有关。内疚事件唤醒了个体的内疚和焦虑感,促使个体对受害方做出亲社会补偿行为,以减轻负性情绪的强度。

①　Dearing, R. L., Stuewig, J., & Tangney, J. P. (2005). On the importance of distinguishing shame from guilt: Relations to problematic alcohol and drug use. *Addictive Behaviors*, 30 (7), 1392−1404.

②　Baumeister, R. F., Stillwell, A. M., & Heatherton, T. F.. (1994). Guilt: an interpersonal approach. *Psychological Bulletin*, 115(2), 243−267.

③　Shin, L. M., Dougherty, D. D., Orr, S. P., Pitman, R. K., Lasko, M., Macklin, M. L., et al. (2000). Activation of anterior paralimbic structures during guilt−related script−driven imagery. *Biological Psychiatry*, 48 (1), 43−50.

内疚是一种"自我意识"的道德情感,内疚情绪不仅能够引发亲社会补偿行为,对人际关系起到修复作用,还可以促使个体对自己的行为进行反省、监督和约束,从而有效防止自己再次做出不道德行为。在人际互动中,个体为了避免体验到违反规则或伤害他人后所体验到的负性情绪,会约束、改变自己的行为避免违反道德准则,从这个角度上,内疚对人际关系的建立和维系可以起到正向推动的作用。有研究者以青少年为被试,进行了一项长达八年的纵向追踪研究,探查了对儿童的内疚、羞耻倾向和道德行为之间的关系。首次调查选取了小学五年级的学生。结果发现最初具有内疚情绪倾向的儿童,随着年龄增长,在随后的生活中,更倾向于参与社团服务等利他性亲社会活动;具有羞耻倾向的个体对药物滥用、破坏法律以及自杀等危险性行为存在预测作用。①

内疚感会促使个体更关心受害者,关注自己的错误行为给受害者造成了怎样的伤害和自己的补救措施是否维护了受害者的利益。在伤害事件后,个体会对受害者表现出更多的利他行为,即使受害者的行为侵犯了自己的利益,个体也会很大程度的宽恕对方。例如,有研究发现,个体在虚拟内疚下的所产生的补偿性亲社会行为,具有自发性和持续的特点,会促使个体不断对受害者做出补偿行为,来缓解内疚感。②

二、内疚下亲社会补偿的可替代性

内疚下补偿行为的一个重要作用是使个体降低内心的自责愧疚,恢复情绪的平衡。有研究显示,个体的情绪平复不一定需要自己做出补救,当有另外一个人首先对受害者做出了补偿行为,为受害者解决了问题或提供了解决问题的方法时,个体的内疚情绪也同样会降低。

研究者通过五个实验证明,当有其他人修复了个体造成的伤害时,个体补

① Tangney J P, & Dearing R L. (2002). *Shame and guilt*. New York : Gui lford, 130–138.

② Baumeister, R. F., Stillwell, A. M., & Heatherton, T. F. (1994). Guilt: An interpersonal approach. *Psychological Bulletin*, 115, 243–267.

偿动机以及随后的亲社会行为都会减少,同时主观上也不会再感到那么内疚。研究者指出,内疚的关注重点可能不是与受害者积极人际关系的修复,而是那些被实施的补偿行为。① 在五个实验中,前四个实验使用材料启动内疚情绪;为了进一步加强研究效度,实验 5 通过实验室创设真实情境诱发被试的内疚情绪,对随后亲社会行为进行直接测量。

研究者使用的情境故事的大意是:故事主人公借了好朋友的珍贵的自行车去超市买东西,却忘了给车上锁导致自行车被盗。接着,三组被试阅读不同的故事发展情况,部分修复组被试:你和罗伯特共同的朋友蒂姆在车棚上班,他得知这事之后,把他车棚里多余的一辆自行车送给了罗伯特使用,罗伯特很高兴;完全修复组:你和罗伯特共同的朋友蒂姆在车棚上班,他得知这事之后,留意他车棚里的自行车,发现了罗伯特的车,并把他还给了罗伯特,罗伯特很高兴;无修复组没有阅读其他材料。最后,所有被试需要回答一道问题:这事情发生后一周,是罗伯特的生日,你决定花多少钱为罗伯特过生日。以金额的多少来评估被试对受害者的亲社会补偿倾向。

实验 1 的实验结果表明,第三人进行的修复行为会降低个体的内疚感,减少他们的修复动机,并会减少亲社会补偿行为。实验 2 的结果表明,第三人修复带来的补偿效果类似于自我修复的效果,但是从修复行为前后内疚减少的程度显示,自我修复对缓解内疚感的效果好于他人修复。实验 3 揭示了第三人的修复行为对个体内疚感和修复倾向的影响是有限制的。当第三人的修复行为与受害者受到的伤害无关时,这种修复对个体的内疚感和修复倾向没有影响。实验 4 探讨了第三人与个体的人际关系亲疏是否会影响实验结果。结果发现第三人修复对个体内疚感和修复行为的影响并不取决于第三人的身份,不论实施修复的第三人是个体的朋友还是无关的人,违规者的内疚感和修复倾向都会因为修复行为而减少。

实验 5 通过实验室诱导内疚,被试与虚拟的游戏伙伴共同进行一项任务,

---

① Hooge, D., & Ilona, E. (2012). The exemplary social emotion guilt: not so relationship-oriented when another person repairs for you. *Cognition & Emotion*, 26(7), 1189-1207.

由于被试的表现使对方无法得到奖励,从而诱发被试的内疚感。实验结果再次证明了个体的内疚感及内疚下的亲社会补偿动机和后续补偿行为受到社会情境中其他人是否对受害者做出补偿行为的影响。

三、内疚亲社会功能的限制

内疚由实际发生的或者个体想象的违反道德规范的行为事件引发,给个体带来负性情绪体验,促使其做出亲社会补偿行为来减弱这种情绪感受。大量研究都验证了内疚与亲社会行为倾向之间存在正相关,内疚情绪体验可以促进人际关系的维系和修复。但是近期有研究发现,内疚并不一定总是体现出道德功能,在一定情境下内疚情绪不能预测亲社会行为。

在一项研究中,研究者在实验室模拟了一个真实的偷盗情境,使被试作为旁观者目睹另一人做出偷手机的不道德行为。通过多种手段对被试在偷盗事件过程中的内疚和愤怒情绪进行测量,探索被试的情绪体验与制止偷盗行为勇气的关系。研究结果表明,内疚强度与被试做出制止偷盗行为的亲社会行为之间没有发现显著相关的关系,而愤怒情绪对制止行为存在预测作用,在目睹偷盗事件中体验和表现出愤怒情绪的被试更多地做出制止行为。[1]

另有研究指出,内疚情绪的亲社会补偿倾向主要发生在两人情境下,当存在多人互动时,个体对受害方的内疚情绪以及后续做出的补偿行为,有可能会损伤互动中第三方的利益。当个体处在只有自己与受害者(即二人情境)的互动条件下,个体会直接或间接地对受害者做出补偿。但是情境扩至三人及以上时,内疚者的补偿行为就表现出复杂性。当资源有限的情况下,内疚个体会以牺牲第三方的利益而不是牺牲自己利益为代价,去补偿由于自己的行为给受害者带来的损失。这样做会对社会互动情境中其他人有不利影响,使内

---

[1] Halmburger, A., Baumert, A., & Schmitt, M. (2015). Anger as driving factor of moral courage in comparison with guilt and global mood: A multimethod approach. *European Journal of Social Psychology*, 45(1), 39-51.

疚情绪的亲社会性受到质疑。①

　　这项实验是在荷兰进行的。研究者通过自传式回忆、材料启动和真实情境三种方法诱发被试内疚感,将亲社会补偿情境设计为三人互动情境,包括为违规者、受害者和第三人,探讨三人情境中被试作为违规者的亲社会补偿行为。结果发现,在二人情境下,内疚者会对受害者做出补偿行为,表现为分配更多的资源给受害者。当互动人数增加到三人时,内疚组的被试分配给受害者的资源要多于第三人,但是研究也揭示了内疚的负面影响,内疚者会把本来分给第三方的资源减少,用以弥补受害者,也就是说,内疚感对受害者的亲社会修复行为是以牺牲他人利益为代价的,内疚对社会环境中其他人有负面的影响。

　　上述实验是在个人主义文化背景下的荷兰进行,有研究者提出文化对个体的亲社会行为存在重要影响。为了探查不同文化对内疚补偿行为的影响,研究者在集体主义文化下的罗马尼亚和日本重复了上述实验。结果发现,在集体主义文化下,内疚下的个体倾向于牺牲自身利益去弥补受害者,不会影响互动中第三方的利益。在日本的研究还发现内疚者不会忽略对第三方的关心,如果内疚者在第一轮分配中确实利用了第三方的资源补偿受害者,他们也会在下一轮的分配中增加对第三方的资源分配,以对第三方做出补偿。

　　① de Hooge, I. E., Nelissen, R. M., Breugelmans, S. M., & Zeelenberg, M. (2011). What is moral about guilt? acting "prosocially" at the disadvantage of others. *Journal of Personality and Social Psychology*, 100(3), 462-473.

第三节　实证研究

一、4~5岁儿童对内疚情绪的理解及教育建议

(一)引言

内疚是自我意识情绪的一种形式,随着个体的自我认知发展而形成,通常指由于违反了自我道德标准、伤害了他人而体验到的后悔、悲伤的情绪,通常会引发修复行为。[①] 内疚的产生与道德意识联系紧密,能够有效激发和调节个体的道德行为,促使其在社会交往中的行为符合道德、社会允许的标准,在儿童的社会化程中起着非常重要的作用。内疚情绪如何被儿童理解和获得是研究儿童早期情绪发展的重要途径之一,它可以为了解儿童自我意识情绪发展、促进儿童社会化提供非常有价值的信息。[②]

发展心理学研究者发现,儿童2岁开始就能够清楚觉知自己的违规、过失行为,并在这些事件后体验到负性或紧张情绪,这被认为是内疚的最初形式。[③] 随着年龄增长,儿童自我意识水平不断提高,内疚水平随之增加。[④] 儿童逐渐获得自我评价的能力,能够觉知他人的内在状态、理解一些社会和道德

---

① Eisenberg, N. (2000). Emotion, Regulation, and Moral Development. *Annual Review of Psychology*, 2000, 51(51), 665-697.

② Baumeister R F, Stillwell A M, & Heatherton T F. (1994). Guilt: an interpersonal approach. *Psychological Bulletin*, 115(2), 243.

③ Barrett, K C. (1995). A functionalist approach to shame and guilt. In JP Tangney & KW Fischer (Eds.), *Self-conscious emotions: The psychology of shame, guilt, embarrassment, and pride*, 25-63.

④ Muris P, & Meesters C. (2014). Small or big in the eyes of the other: On the developmental psychopathology of self-conscious emotions as shame, guilt, and pride. *Clinical Child and Family Psychology Review*, 17(1), 19-40.

规范。当他们做出违反社会规范或伤害他人的行为时,能够认识到自己的责任并做出修正性行为。① 研究发现,4~5 岁是内疚发展的关键期。随着心理理论的发展,5 岁儿童的移情与认知能力进一步发展,形成了一定的自我道德标准,能够认识到自己在伤害他人或违规行为中需要承担的责任,从而产生内疚感。但是也有研究者认为 5 岁儿童虽然已经具备了产生内疚情绪的认知能力,但是他们并不能很好地理解内疚情绪。②③

一般意义上的内疚伴随着实际伤害行为或违规行为而产生,即违规内疚,主要包含违反道德规则和对他人造成伤害两种情境。④ 虚拟内疚与违规内疚相对,是指个体与伤害行为或者违反规则的行为没有直接关系,被认为不必对伤害事件负责任,但是个体认为违反了自己认同的道德规范而产生的负性情绪体验。⑤ 虚拟内疚的发生发展遵循着内疚发展的一般规律,但是虚拟内疚和违规内疚在个体发展特点上存在差异。研究显示,7~12 岁儿童的虚拟内疚理解能力要高于违规内疚理解能力。本研究试图进一步探索处于违规内疚发展关键期的 4~5 岁儿童,对于虚拟内疚的情绪理解特点。

根据内疚的定义并参考前人的研究,我们从情绪体验、情绪归因及情绪作用三个层面考察儿童对内疚情绪的理解。⑥ 情绪体验层次指个体将内疚视为不愉快的负性情绪体验;内疚归因层次是个体认知到是自己的行为带给他人

---

① Kochanska G, Koenig J L, Barry R A, et al. (2010). Children′s conscience during toddler and preschool years, moral self, and a competent, adaptive developmental trajectory. *Developmental Psychology*, 46(5), 1320.

② 董傲然. (2014). 幼儿内疚发展及其与气质,父母教养方式的相关研究. 硕士学位论文. 辽宁师范大学, 8-10.

③ 徐琴美,张晓贤. (2003). 5~9 岁儿童内疚情绪的理解特点. 心理发展与教育, (03), 29-34.

④ Ortony, A, & Turner T. J. (1990). What′s basic about basic emotions? *Psychological Review*, 97(3), 315.

⑤ Hoffman M L. (2001). *Empathy and moral development*: *Implications for caring and justice*. Cambridge University Press, 25-49.

⑥ 张晓贤,徐琴美. (2010). 人际因素促进 5~9 岁儿童内疚情绪理解的研究. 心理科学, (4), 942-945.

或外界环境不利影响;内疚情绪作用层次是这种负性情绪体验会推动个体纠正或者弥补自己的错误。有研究表明,对于处于皮亚杰道德认知发展他律阶段的5~9岁儿童来说,故事情境中加入教师这一权威人际因素的评价会促进违规内疚和虚拟内疚的情绪理解能力。[①] 儿童的虚拟内疚的发展与移情能力密切相关,幼儿期是儿童移情发展的重要时期,而这一时期儿童与母亲之间的互动在移情发展中起到重要的作用。[②] 本研究将在虚拟内疚情境中加入母亲这一权威人物对相关事件的评价,进一步考察人际互动因素对儿童虚拟内疚理解能力的影响。

儿童的内疚发展是否存在性别差异,目前还没有得到统一结论。一些研究者认为女孩在做出违规行为时内疚程度要高于男孩,也有研究者提出幼儿内疚的性别差异不显著。[③] 我国研究者发现,3~5岁幼儿内疚总体水平没有性别差异,但是在人际情境中的伤他内疚存在显著性别差异,女孩内疚程度高于男孩。[④] 由于内疚是一种产生于特定具体事件、具体行为的自我意识情绪,因此儿童对不同维度内疚的理解很可能存在不同的水平。本研究将通过设计不同的事件情境,进一步探讨4~5岁儿童在伤他、违规以及虚拟内疚的故事情境中对内疚三个层次的理解情况和性别差异。

故事访谈法是研究儿童情绪理解的重要方法。研究者所采用的故事情境多种多样,如种族偏见情境、身体侵犯情境和说谎情境等。[⑤] 本研究通过对幼儿园老师和家长进行访谈,选择了三个最可能诱发儿童内疚情绪的情境。其

① 陈友庆,孙秀文. (2013). 7~12岁儿童违规内疚和虚拟内疚理解能力的发展特点. 南京晓庄学院学报, (2), 54-57.

② Kochanska G, Gross J N, Lin M H, et al. (2002). Guilt in young children: Development, determinants, and relations with a broader system of standard. *Child development*, 3(2), 461-482.

③ Amodio D M, Devine P G, Harmon-Jones E. (2007). A Dynamic Model of Guilt. *Psychological Science*, 18(6), 524-530.

④ 张晓贤,桑标. (2012). 儿童内疚情绪对其亲社会行为的影响. 心理科学, 35(2), 314-320.

⑤ Vaish, A. (2018). The prosocial functions of early social emotions: the case of guilt. *Current Opinion in Psychology*, 20, 25-29.

中违规内疚包括无目的的过失和无目的的人际伤害情境,虚拟内疚选择了个体由于自己"未提供帮助而感到自责"的情境。

(二)研究方法

1. 被试

采取方便取样法,在幼儿园门口和公共场所随意选取幼儿园中班4~5岁儿童65名,平均年龄在60±6个月,有5名儿童不配合作答,剩余60名儿童完成实验,其中男性30名,女性30名。

2. 研究方法

选取天津市某幼儿园教师2名,中班家长5名,请老师和家长列举4~5岁儿童在日常生活、学习中最可能产生内疚情绪的情境。后期请2名儿童心理学专业教师进行评估整理,选择有代表性的三个情境编辑成访谈故事材料,如表4-1所列。

表4-1　访谈故事材料

内疚类型	故事情境
伤他	由于自己非故意的过失行为,导致小朋友身体受到伤害
违规	由于自己违反规定,带给他人和外界环境不利影响
虚拟	看到他人遭受伤害后,没有提供帮助
虚拟(人际评价)	在虚拟内疚事件后,加入权威人物妈妈的评价

故事中主人公的名字匹配访谈被试的性别,男孩故事情境中的出现过失行为的儿童名字为明明,女孩为兰兰。故事情境举例如下:(1)伤他内疚故事情境(男孩):在幼儿园自由活动的时候,兰兰和明明一起开心地拍皮球,但是明明一不小心让球打到了兰兰的头,兰兰疼哭了。(2)违规内疚的故事情境(女孩)如下:中午在幼儿园里,兰兰和小朋友们一起吃饭,这时她下地走动,不小心把碗扣在了地上,饭洒了一地,老师看见了,赶忙过来帮兰兰收拾。(3)虚拟内疚的故事情境(男孩)如下:幼儿园体育课上,明明班里的小朋友兰兰摔倒了,兰兰坐在地上疼哭了,在一边正准备玩滑梯的明明看到了,他心里

想着玩滑梯，没有去关心兰兰。（4）虚拟内疚加入评价的故事情境（女孩）如下：幼儿园体育课上，明明班里的小朋友明明摔倒了，明明坐在地上疼哭了，在一边正准备玩滑梯的兰兰看到了，她心里想着玩滑梯，没有去关心明明。后来妈妈知道了这件事，就和兰兰说："你应该去帮助那个小朋友的。"

每个故事讲完后请被试回答以下三个问题：（1）这个时候，明明/兰兰心里是什么感受？（2）为什么他/她会有这样的感受？（3）接下来他/她会怎么做？

计分方法参考前人研究，第一个问题考察儿童对内疚情绪体验的理解。回答中包含明确正性情绪体验，例如"高兴、开心"等，记 0 分；回答"不好意思、有点开心又有点难过等"不确定的情绪体验记 1 分；回答明确负性情绪体验，例如"难过、不高兴、后悔、内疚"等，记 2 分；如果在主试提示下，能够回答出负性情绪体验，记 1 分。第二个问题考察儿童对内疚情绪归因的理解。回答中不包含责任定向的，例如"不知道、好玩"等，记 0 分；回答中包含一定奖惩责任定向，例如"害怕老师、家长批评等"记 1 分；回答包含自身责任定向的，例如"自己做错事了"等，记 2 分。第三个问题考察儿童对内疚情绪补偿作用的理解。回答包含消极行为倾向，如"逃跑"等，记 0 分；回答中没有涉及后续行为的，如"不做什么"等，记 1 分；回答有明确补偿或纠正行为，例如"向对方道歉""帮助老师""安慰小朋友"等，记 2 分。

（三）结果

1. 内疚情绪体验结果

4~5 岁幼儿在不同情境下的内疚情绪体验如表 2 所列。从表 4-2 可以看出，4~5 岁儿童在四种情境中的内疚理解情绪体验层次均没有达到较高的发展水平。男孩对于内疚故事情境中引发的情绪，有半数及以上的人回答无法确定；相比男孩，总体上有更多的女孩回答负性情绪体验。利用非参数卡方检验对不同故事情境下的性别差异进行检验，结果发现，性别在违规内疚（$\chi^2 = 26.340, p < 0.01$）和虚拟内疚（$\chi^2 = 6.345, p < 0.05$）的差异具有统计学意义。虚拟内疚故事情境在加入人际评价后，男孩和女孩回答负性情绪的人数均有

所增长。

表4-2 不同性别幼儿的内疚情绪体验[n(%)]

项目	情绪理解	伤他内疚	违规内疚	虚拟内疚	加入评价虚拟内疚
男	正性	3(10.00)	3(10.00)	5(16.67)	3(10.00)
	不确定	19(63.33)	17(56.67)	17(56.67)	15(50.00)
	负性	8(26.67)	10(33.33)	8(26.67)	12(40.00)
女	正性	1(3.33)	15(50.00)	12(40.0)	9(30.00)
	不确定	15(50.00)	3(10.00)	8(26.67)	9(30.00)
	负性	14(46.67)	12(40.00)	10(33.33)	12(40.00)
χ^2		3.107	26.340**	6.345*	4.5

注: *$p<0.05$,**$p<0.01$,***$p<0.001$,下同。

2.内疚归因结果

根据内疚归因层次定义,儿童在内疚情绪理解上达到情绪体验层次,而且第二个问题回答为自身责任定向就认为该儿童达到了内疚理解的内疚归因层次,结果如表4-3所列。采用非参数卡方检验,结果发现在四种故事情境下,达到内疚第二层儿童不存在性别差异。从表4-3数据中可以看出,在伤他情境中,达到内疚归因层次的幼儿,男生占总人数的26.67%,女孩占46.67%,女孩更倾向于作出自身责任归因;在其他三种情境中,男孩和女孩的作答情况相似,达到内疚归因层次的儿童占总人数的20%~30%左右。

表4-3 不同性别幼儿的内疚归因[n(%)]

项目	内疚归因	伤他内疚	违规内疚	虚拟内疚	加入评价虚拟内疚
男	未达到	22(73.33)	20(66.67)	22(73.33)	24(80.00)
	达到	8(26.67)	10(33.33)	8(26.67)	6(20.00)
女	未达到	16(53.33)	22(73.33)	20(66.67)	22(73.33)
	达到	14(46.67)	8(26.67)	10(33.33)	8(26.67)
χ^2		3.107	26.340**	0.317	4.5

3. 内疚补偿行为结果

根据内疚的情绪作用层次定义,儿童在内疚情绪理解上达到内疚归因层次,而且第三个问题回答为补偿行为倾向就认为该儿童达到了内疚情绪作用层次,结果如表4-4所列。采用非参数卡方检验,结果发现在四种故事情境下,达到内疚理解第三层儿童不存在性别差异。从表4数据中可以看出,在伤他情境中,达到内疚情绪作用层次的幼儿中,男生占总人数的13.33%,女孩占33.33%,女孩更倾向于给予行为的补偿;在其他三种情境中,男孩和女孩的作答情况相似,达到内疚情绪作用层次的儿童占总人数的20%～30%左右。在虚拟内疚情境下,在加入人际评价后,男孩和女孩回答补偿倾向的人数均有所增长。

表4-4 不同性别幼儿的内疚补偿行为[n(%)]

项目	情绪作用	伤他内疚	违规内疚	虚拟内疚	加入评价虚拟内疚
男	未达到	26(86.67)	22(73.33)	24(80.00)	26(86.67)
	达到	4(13.33)	8(26.67)	6(20.00)	4(33.33)
女	未达到	20(66.67)	22(73.33)	24(80.00)	24(66.67)
	达到	10(33.33)	8(26.67)	6(20.00)	6(33.33)
χ^2		3.354	0.000	0.000	0.480

(四)讨论

1.4~5 岁儿童对违规内疚的理解特点与性别差异

内疚理解的第一层次是个体对自身产生负性情绪体验的认知。从本研究的结果上看,仅有不到一半的儿童能够对违规内疚体验形成较好的理解,说明4~5 岁的幼儿对于不同情境下的内疚情绪理解还比较模糊。在伤他故事情境中,更多的儿童能够认识到非故意伤害他人的行为,是不好的行为,不应该产生积极正性的情绪。违规故事情境中,认为违反规则事件"好玩"的儿童比例更高。同时,对于性别差异的检验结果表明,有更多的男孩(56.67%)对于违反规则事件的情绪理解给出不明确的答复,而有更多的女孩(50%)作出正性情绪感受的回答。

对内疚情境事件的责任定向认知是内疚理解的内疚归因层次。从数据上看,在已经能够理解内疚体验情绪体验层次的儿童中,大部分人可以形成正确的责任归因。在伤他情境中,女孩更倾向于作出自身责任归因;在其他三种情境中,男孩和女孩的作答情况相似。

内疚的补偿行为倾向是内疚理解的内疚情绪作用层次。从总体上看,在伤他和违规故事情境中,仅有少数儿童能够意识到通过亲社会行为对受害者作出补偿,补偿倾向不存在性别差异。在已经能够理解内疚体验内疚归因层次的儿童中,大部分人可以形成补偿行为倾向。

经过对家长和教师的访谈,我们了解到有些家长认为在本研究的故事情境中,孩子由于年龄较小,生性好动,发生的肢体碰撞和下位走动使饭碗打翻在地等状况,并不是违反规则的行为,同时也不会造成严重后果,所以不需要明确的教育指导,也无须过多的责备让儿童感受到自己的过失,这可能是儿童在此情境中有相当一部分幼儿形成相反或者不明确情绪反应的原因。在家长这样的引导下,幼儿无法深入理解违规情境对他人造成的伤害,也就无法认识到自身所应该承担的责任。儿童在此类情境中错误的情感表达以及后续补偿行为的缺失,容易造成进一步的人际冲突,不利于儿童的适应性社会发展。

2.4~5岁儿童对虚拟内疚的理解特点与性别差异

在虚拟内疚的情境中,儿童的作答情况与违规内疚类似,同样有约三分之一的儿童产生明确的内疚情绪。男生和女生对违规内疚和虚拟内疚的理解存在差异。当加入权威人物妈妈的评价后,男孩和女孩都有更多的人产生虚拟内疚情绪,可见权威人物的评价对于儿童理解社会性情绪有所促进。值得注意的是,加入权威人物的评价并没有明显促进儿童的责任定向认知与后续补偿行为。

母亲的评价对儿童的内疚情绪体验有促进作用,但是对情绪归因和后续补偿行为没有显著的影响,这与前人研究的结论一致。在得到权威人物母亲的评价后,更多的儿童推断当事人在故事情境中会产生消极的情绪,也就是说更多的儿童理解了内疚情绪的第一层次内容。而可能是内疚的第二层次和第三层次的理解需要更高的认知能力,因此权威人物的评价没有促进儿童将消极情绪归因到自我责任,也没有对后续的亲社会行为起到促进作用。此外,理论上,个体情绪体验会对后续行为产生影响,更多的负性情绪体验会导致更多的亲社会补偿行为。但是本研究中,母亲的评价虽然促进了儿童负性情绪体验的理解,但是却没有引发更多的亲社会行为。原因可能与4~5岁儿童在得到母亲的评价后,虽然认识到在故事情境中不适宜体验到积极情绪,但是并没有产生移情性悲伤,因此没有做出更多的补偿性亲社会行为。这也从另一个角度说明了虚拟内疚是随着儿童认知能力和移情能力的发展而逐步发展起来的。

3.促进4~5岁儿童内疚理解发展的教育建议

儿童的内疚感在学龄前后期对于社会交往起到了非常重要的缓和与促进合作的作用。一方面个体为了防止自己产生负性的内疚体验,会抑制自身那些可能会危害别人或违反道德准则的行为;另一方面,儿童在违规行为后如果能够表现出内疚,可以更多地得到宽恕和原谅,减轻违规事件的负面结果,从而促进合作和亲社会行为。本研究发现,大部分4~5岁幼儿并没有形成对内疚的明确理解。儿童对做出违反规则而危害到他人的行为后,应该产生的内疚情绪体验、自身的责任归因以及之后的补偿行为并不理解。帮助幼儿提高在不同情境下的内疚理解能力,应该引起教育工作者和家长的更多重视。在日常教育和生活活动中,有意识地培养幼儿对内疚情绪理解,增加相关社会经验,是有效提高儿童内疚情绪产生和发展的途径之一。

作为道德情绪的一种,内疚的产生和发展与所处的社会文化环境密切相关。这在本研究中也得到了印证。在伤他情境下,由于有明确的伤害对象,加上家长和老师对此类情境会给予更多的重视,幼儿对内疚的情绪体验、责任归因以及之后的补偿行为的理解就会加深,例如,在幼儿园出现幼儿间非故意身体伤害后,老师往往会要求违规者向受害人道歉,家长也会做出更多的责备和惩罚行为。而在违规情境中,由于幼儿的年龄小,家长和老师往往不会过多地强调社会规则以及自身受到的不利影响,例如,本研究中的把饭撒在地上,破坏了环境,老师也要辛苦收拾的这个故事情境,幼儿就会缺少对相关内疚情绪的社会经验,对自身的责任和补偿行为没有明确的意识。因此在日常生活中,成人对儿童早期的违规行为应进行积极的引导,鼓励幼儿对自己的行为负责,并做出道歉等弥补关系的行为,将有利于幼儿社会情感的发展以及社交经验的积累。

　　幼儿期是儿童亲社会行为发展的重要时期,成人对儿童的内疚情境进行教育引导时,除了直接指导幼儿做出适当的行为外,还应该注重在事情发生后向幼儿进行详细的解释,例如事情的发生原因、当事人的情绪体验、自己的作为或者不作为对当事人造成的伤害以及如何对当事人进行弥补等。简单的行为指导无法加深儿童对自身责任认知的理解,应该注重从移情和认知两个角度围绕事件情境向幼儿进行讲解,并且有意识地进行训练。这会有助于儿童发展出适宜的情绪认知和亲社会行为反应。

二、内疚对二人情境下初中生亲社会补偿行为的影响

(一)引言

　　内疚是个体认识到自己做了某种违背道德或者伤害他人的事情,并认为自己应该对此负责时产生的一种不愉悦的、自我聚焦的负性情绪体验。[1][2] 区别于其他负性情绪,内疚被描述成一种具有良好的亲社会功能的负性情绪。内疚感能够引发个体自行去惩罚自己的错误行为,修复个体与受害者之间的

---

① Baumeister, R. F., Stillwell, A. M., Heatherton, T. F. (1994). Guilt: an inter-personal approach. *Psychological Bulletin*, 115(2), 243.

② Tangney, J. P., Stuewig, J., Mashek, D. J. (2007). Moral emotions and moral behavior. *Annual Review of Psychology*, 58(1), 345-372.

社会关系,促进个体对受伤害一方做出道歉、赔偿等补偿性的亲社会行为。①②③④⑤⑥

　　随着对内疚的亲社会功能的深入探索,近期有研究指出,个体产生内疚情绪后是否会做出亲社会行为受多种因素的影响,内疚并不总是能促进亲社会

　　① Lewis, H. B. (1971). Shame and guilt in neurosis. *Psychoanalytic Review*, 58(3), 419-438.

　　② Leith, K. P., Baumeister, R. F. (1998). Empathy, shame, guilt, and narratives of interpersonal conflicts: Guilt - prone people are better at perspective taking. *Journal of Personality*, 66(1), 1-37.

　　③ Harth, N. S., Leach, C. W., Kessler, T. (2013). Guilt, anger, and pride about in-group environmental behaviour: Different emotions predict distinct intentions. *Journal of Environmental Psychology*, 34, 18-26.

　　④ Rotella, K. N., Richeson, J. A. (2013). Body of guilt: Using embodied cognition to mitigate backlash to reminders of personal & ingroup wrongdoing. *Journal of Experimental Social Psychology*, 49(4), 643-650.

　　⑤ 张琨,方平,姜媛,于悦,欧阳恒磊. (2014). 道德视野下的内疚. 心理科学进展, 22(10), 1628-1636.

　　⑥ 丁芳,周鋆,胡雨. (2014). 初中生内疚情绪体验的发展及其对公平行为的影响. 心理科学, 37(5), 1154-1159.

补偿行为。①②③④⑤ 例如个体觉察到的对受害者进行补偿的困难程度⑥、受害者社会地位、个体需付出的实际代价⑦等因素均会影响内疚情绪下的个体是否会对互动情境中的他人做出补偿行为。

一些研究更是指出内疚的亲社会功能主要局限在两人间的互动,一旦进入三人或多人情境,内疚的消极因素将会凸显出来。⑧ 当个体处在只有自己

① Leach, C. W., Iyer, A., Pedersen, A. (2006). Anger and guilt about ingroup advantage explain the willingness for political action. *Personality and Social Psychology Bulletin*, 32(9), 1232-1245.

② Halmburger, A., Baumert, A., Schmitt, M. (2015). Anger as driving factor of moral courage in comparison with guilt and global mood: A multimethod approach. *European Journal of Social Psychology*, 45(1), 39-51.

③ Graton, A., Ric, F., Gonzalez, E. (2016). Reparation or reactance? The influence of guilt on reaction to persuasive communication. *Journal of Experimental Social Psychology*, 62, 40-49.

④ Wohl, M. J. A., Matheson, K., Branscombe, N. R., Anisman, H. (2013). Victim and Perpetrator Groups´ Responses to the Canadian Government´s Apology for the Head Tax on Chinese Immigrants and the Moderating Influence of Collective Guilt. *Political Psychology*, 34(5), 713-729.

⑤ 汤明, 李伟强, 刘福会, 袁博. (2019). 内疚与亲社会行为的关系:来自元分析的证据. 心理科学进展, 27(5), 773-788.

⑥ Berndsen, M., McGarty, C. (2010). The impact of magnitude of harm and perceived difficulty of making reparations on group - based guilt and reparation towards victims of historical harm. *European Journal of Social Psychology*, 40(3), 500-513.

⑦ Zimmermann, A., Abrams, D., Doosje, B., Manstead, A. S. (2011). Causal and moral responsibility: Antecedents and consequences of group - based guilt. *European Journal of Social Psychology*, 41(7), 825-839.

⑧ De Hooge, I. E., Nelissen, R., Breugelmans, S. M., Zeelenberg, M. (2011). What is moral about guilt? Acting "prosocially" at the disadvantage of others. *Journal of Personality and Social Psychology*, 100(3), 462.

与受害者(即二人情境)的互动条件下,个体会直接或间接地对受害者做出补偿。[1][2][3] 但是情境扩至三人及以上时,内疚者的补偿行为就表现出复杂性,内疚情绪下的个体会以牺牲第三方的利益而不是以牺牲自己利益为代价去补偿受害者的损失,从而对社会互动情境中其他人有不利影响。

个体的亲社会行为受到文化背景的影响。De Hooge 等人的研究是在个人主义文化背景下的荷兰进行。为了探查不同文化对内疚补偿行为的影响,有研究者在集体主义文化下的罗马尼亚[4]和日本[5]重复了 De Hooge 的实验。结果发现,内疚者在三人情境下对受害者进行补偿时倾向于牺牲自身利益去弥补犯下的过错,不会影响互动情境中第三方的利益。Furukawa 等人研究发现,内疚者不会忽略对第三方的关心,如果内疚者在第一轮分配中确实利用了第三方的资源补偿受害者,他们也会在下一轮的分配中增加对第三方的资源分配。

在同样是倡导集体主义的中国,丁芳和周錾考察了初中学生的内疚情绪对不同人际情境下公平分配行为的影响。研究结果并未能验证 De Hooge 等人的结论,也与 Rebega 和 Furukawa 的结论有所不同。丁芳、周錾等人的研究发现内疚情绪体验在二人情境中促进了初中生的亲社会分配行为;在三人情

① Ketelaar, T., Tung Au, W. (2003). The effects of feelings of guilt on the behaviour of uncooperative individuals in repeated social bargaining games: An affect-as-information interpretation of the role of emotion in social interaction. *Cognition and Emotion*, 17(3), 429-453.

② De Hooge, I. E., Zeelenberg, M., Breugelmans, S. M. (2007). Moral sentiments and cooperation: Differential influences of shame and guilt. *Cognition and Emotion*, 21(5), 1025-1042.

③ Nelissen, R. M., Dijker, A. J., DeVries, N. K. (2007). How to turn a hawk into a dove and vice versa: Interactions between emotions and goals in a give-some dilemma game. *Journal of Experimental Social Psychology*, 43(2), 280-286.

④ Rebega, O. L., Benga, O., Miclea, M. (2014). Another Perspective on Guilt's Moral Status: The Romanian Case. *Procedia-Social and Behavioral Sciences*, 127, 114-118.

⑤ Furukawa, Y., Nakashima, K., Morinaga, Y. (2016). Influence of social context on the relationship between guilt and prosocial behaviour. *Asian Journal of Social Psychology*, 19(1), 49-54.

境中,内疚组与控制组的分配方式没有显著差异,即内疚者对受害者的补偿功能消失了。具体表现为三人情境下,内疚组和控制组分配代币的数量均是按照分给搭档、自己和第三人而依次递减。

在丁芳、周鋆等人的研究中,被试首先完成一项认知任务,随后内疚组被试被告知由于他的较差表现而影响了搭档的收益,以此启动内疚,随后完成不同人际情境下的独裁者博弈。De Hooge 等人的研究采用情境故事法来启动内疚情绪,让被试设想在故事情境中,自身的行为直接损害了受害者的利益。有研究指出,在诱发内疚的情境中,个体对事件的可控感影响内疚体验。个体觉得造成伤害的事件越可控,那么由此体验到的内疚越强,即当个体相信自己本来有能力改变行为而使对方免受损害时,内疚感越强烈[1],继而对个体的亲社会行为倾向产生影响。那么上述内疚补偿行为方式研究结论的差异,除文化背景的影响外,也很可能与内疚启动范式的不同有关。

本研究借鉴 De Hooge 等人的研究范式,编制适合初中学生的内疚情境故事,探查不同人际情境下内疚情绪对亲社会补偿行为的影响。本研究包含两个实验:实验 1 探查二人情境下初中生内疚情绪对补偿行为的影响;实验 2 将二人情境扩展为三人情境,探查内疚者如何在自己、受害者和第三人之间进行资源分配。

(二)研究方法

1.被试

在天津市某中学随机抽取八年级学生 114 名,其中男生 55 名,女生 59 名。平均年龄 13.96±0.55 岁。将被试随机分为 2 组,其中内疚组 54 人,控制组 60 人,所有被试视力或矫正视力正常,情绪状态以及认知均处于正常水平。

---

① Tracy, J. L., Robins, R. W. (2006). Appraisal antecedents of shame and guilt: Support for a theoretical model. *Personality and Social Psychology Bulletin*, 32(10), 1339-1351.

2. 实验材料

(1)自编的中学生内疚情境故事。

故事素材取材于对初中生的内疚情境访谈,经专家评定后,选取 20 名初中生对实验材料诱发的愉快、愤怒、内疚、悲伤、恐惧五种情绪进行 5 点评分(1 为一点也没有,5 为非常强烈)。结合评定结果及专家意见进行修改后确定本研究的"伤他"内疚故事。

内疚情绪组故事情境如下:

某一天,你急着骑车去完成一件事情。在推车时你遇见了朋友小 A,慌乱中你的单车把手撞到了小 A,把小 A 弄伤了。

控制组故事情境如下:

某一天,你急着骑车去完成一件事情,在推车时你遇见了朋友小 A。

(2)补偿决策任务实验材料。

采用自编的补偿故事情境,素材同样来自初中学生的访谈,经专家评定修改后,确定为以下内容:

在这之后,妈妈从国外给你捎了一盒巧克力,这是你最爱吃的巧克力,一共 12 块。你可以决定是否与朋友小 A 分享? 如何分享? (小 A 对此完全不知情,也不会有意见)

(3)情绪自评量表。

本研究采用 5 点量表对愉快、愤怒、内疚、悲伤、恐惧五种情绪进行主观评定(1 ="没有",2 ="较轻",3 ="一般",4 ="较强",5 ="很强")。

3. 实验设计

实验采用 2(情绪状态:内疚组,控制组)×2(分配对象:朋友小 A,自己)的混合实验设计,其中被试间变量为情绪状态,被试内变量为分配对象,因变量为分配的数量。

4. 实验程序与计分

实验采用团体施测法,由固定主试统一施测,利用 E-prime2.0 系统,通过大屏幕投屏呈现内疚情境故事,确保被试理解故事后再呈现补偿任务情境。

第一步:按照不同分组呈现相应的故事情境,让被试在实验过程中假设自己为故事主人公,经历着情境故事,按实际情况完成任务。

第二步:完成情绪自评量表。

第三步:补偿决策任务。具体如下:"妈妈从国外给你捎了一盒巧克力,这是你最爱吃的巧克力,一共 12 块。你可以决定是否与朋友小 A 分享?(小 A 对此事完全不知情,也不会有意见)。"被试可以选择"分享"或者"不分享",如果被试选择"不分享",补偿决策任务结束;如被试选择"分享",要求被试在纸上写下分享的个数和原因。所分配的巧克力个数即为得分,得分范围为 1~12 分。

第四步,实验结束,发放被试礼品。

(三)结果分析

1.内疚唤醒的主观体验

内疚组和控制组被试的主观情绪体验得分情况如表 4-5 所列。

表 4-5　内疚组和控制组情绪唤醒情况($M \pm SD$)

	内疚组	控制组
愉悦	1.09±0.35	3.13±1.21
愤怒	1.27±0.66	1.21±0.48
内疚	4.04±0.82	1.33±0.84
悲伤	2.65±1.35	1.25±0.57
恐惧	2.74±1.28	1.23±0.59

采用独立样本 T 检验比较内疚唤醒组、控制组的情绪体验得分,结果表明内疚组与控制组的内疚[$t(112)=17.355, p<0.001$]、悲伤[$t(112)=7.338, p<0.001$]和恐惧[$t(112)=8.218, p<0.001$]得分差异显著,内疚组的三种情绪得分显著高于控制组的三种情绪得分;内疚组的愉悦情绪得分显著低于控制组的愉悦情绪得分,$t(112)=-11.909, p<0.001$。对内疚组的五种情绪进行

单因素方差分析,结果发现,五种情绪之间存在显著差异,$F(4, 269) = 83.933, p < 0.001$。经事后检验得出内疚情绪得分显著高于其他四种情绪得分。

2. 内疚对二人情境下亲社会补偿行为的影响

二人情境下,不同情绪组被试做出的分配行为结果如表4-6所列。

表4-6　不同情绪组被试分配数量描述性统计($M \pm SD$)

	给小 A	给自己
内疚组	5.62 ±2.10	6.37 ±2.10
控制组	4.75 ±1.88	7.25 ±1.88

以分得的巧克力数量为因变量进行 2(情绪状态:内疚,控制)×2(分配对象:给自己、给小 A)重复测量方差分析。结果发现,情绪状态主效应不显著,$F(1, 112) = 0.00, p > 0.05, \eta^2 = 0.00$;分配对象的主效应显著,$F(2, 112) = 18.83, p < 0.01, \eta^2 = 0.14$;情绪状态与分配对象的交互作用显著,$F(2, 112) = 5.55, p < 0.05, \eta^2 = 0.05$。进一步简单效应发现,内疚组分配给小 A 的数量显著多于控制组,留给自己的巧克力数量显著少于控制组。这说明内疚在二人情境下具有亲社会功能,内疚者舍弃自己的利益补偿受害者。

(四)讨论

本研究采用故事情境法操纵内疚情绪,使内疚组被试假设自己的鲁莽行为造成朋友小 A 的身体受到了伤害。结果显示,内疚组的正性情绪显著低于控制组,内疚、悲伤和恐惧情绪显著高于控制组,并且内疚情绪的强度显著高于其他四种情绪体验,说明本研究创设的故事情境成功地操纵了内疚情绪,内疚组被试的目标情绪启动成功。

实验结果验证了内疚对二人情境下的亲社会补偿行为有积极影响。内疚条件下,被试增加了对朋友小 A 的分配数量,表现为内疚组分配给朋友小 A 的巧克力数量显著多于控制组,而分配给自己的数量显著低于控制组,即内疚组被试牺牲自己的利益去补偿受害者小 A,实验结果说明内疚促进了二人情境下个体对受害者的补偿行为,体现了内疚的亲社会功能,这与以往研究得出的结论一致。①② 内疚感帮助个体自行去惩罚自己的错误行为,促进人们的合作与分享。③④ 内疚后出现的补偿倾向,可以修复个体与受害者之间的关系⑤⑥,强化社会约定、帮助建立良好的依恋关系⑦。

　　对二人情境下的分配结果进行分析,我们还发现分配对象的主效应显著,被试留给自己的巧克力数量显著多于分给朋友的。其中,控制组留给自己的巧克力数量显著多于分给朋友的数量,而内疚组留给自己的平均数量也略多于分给朋友的。我们认为,如何在参与互动的各方之间分配资源,可能与个人对该资源的需要程度有关。本研究中将分配资源描述为"妈妈从国外给你捎了一盒巧克力,这是你最爱吃的巧克力",强调了资源的有限性和自身的高需求。因此,虽然初中生会因为内疚增加对受伤害一方的分配数额,但是还是会

---

　　① Harth, N. S., Leach, C. W., Kessler, T. (2013). Guilt, anger, and pride about in-group environmental behaviour: Different emotions predict distinct intentions. *Journal of Environmental Psychology*, 34, 18-26.

　　② Rotella, K. N., Richeson, J. A. (2013b). Body of guilt: Using embodied cognition to mitigate backlash to reminders of personal & ingroup wrongdoing. *Journal of Experimental Social Psychology*, 49(4), 643-650.

　　③ Baumeister, R. F., Stillwell, A. M., Heatherton, T. F. (1994). Guilt: an interpersonal approach. *Psychological Bulletin*, 115(2), 243.

　　④ Leith, K. P., Baumeister, R. F. (1998). Empathy, shame, guilt, and narratives of interpersonal conflicts: Guilt - prone people are better at perspective taking. *Journal of Personality*, 66(1), 1-37.

　　⑤ Lewis, H. B. (1971). Shame and guilt in neurosis. *Psychoanalytic Review*, 58(3), 419-438.

　　⑥ Lindsay-Hartz, J. (1984). Contrasting experiences of shame and guilt. *American Behavioral scientist*, 27(6), 689-704.

　　⑦ Menesini, E., Nocentini, A., Camodeca, M. (2013). Morality, values, traditional bullying, and cyberbullying in adolescence. *British Journal of Developmental Psychology*, 31(1), 1-14.

倾向于多留给自己一些。在丁芳、周銮[①]的研究中,利用分配代币的形式考察初中生的公平行为,结果表明二人情境下,初中生会牺牲自己的利益去补偿任务搭档,但是分给搭档的代币数量显著高于分配给自己的代币数量。实验中所使用的"代币"对初中学生来说可能不具有自身高需求性,后续的研究可以进一步探讨分配资源的特性对中学生的公平分配行为的影响。

三、内疚对三人情境下亲社会补偿行为的影响

(一)引言

在二人情境下,内疚促进初中生的亲社会行为,但当情境由二人扩至三人时,内疚对初中生的亲社会行为有什么不同的影响呢? 个体是否仍会对受害一方做出补偿? 补偿行为是以牺牲自己的利益为代价,还是会影响第三方的收益呢? 前人研究尚未得出一致结论,本研究将对这一问题进行探索。研究假设:内疚者将牺牲自身利益而不是牺牲第三方利益对受害者做出补偿。

(二)研究方法

1. 被试

在天津市某中学随机抽取八年级学生 72 名,其中男生 36 名,女生 36 名。平均年龄 13.88 ±0.53 岁,将被试随机分为 2 组,其中内疚组 38 人,控制组 34 人,所有被试的视力或矫正视力正常,情绪状态以及认知均处于正常水平。

2. 实验材料

(1)内疚情绪诱发故事

自编的中学生内疚情境故事。

故事素材取材于对初中生的内疚情境访谈,经专家评定后,选取 20 名初

[①] 丁芳,周銮,胡雨. (2014). 初中生内疚情绪体验的发展及其对公平行为的影响. 心理科学, 37(5), 1154–1159.

中生对实验材料诱发的愉快、愤怒、内疚、悲伤、恐惧五种情绪进行 5 点评分（1 为一点也没有,5 为非常强烈）。结合评定结果及专家意见进行修改后确定本研究的"伤他"内疚故事。

内疚组情绪诱发故事:

某一天,你急着骑车去完成一件事情,在推车时你遇见了朋友小 A、小 B,慌乱中你的单车把手撞到了小 A,把小 A 弄伤了。

控制组情绪诱发故事:

某一天,你急着骑车去完成一件事情,在推车时你遇见了朋友小 A、小 B。

（2）补偿决策任务

在这之后,妈妈从国外给你捎了一盒巧克力,这是你最爱吃的巧克力,一共 12 块。你可以决定是否与朋友小 A、小 B 分享?（小 A、小 B 对你如何分完全不知情,也不会有意见）

（3）情绪自评量表

本研究采用 5 点量表对愉快、愤怒、内疚、悲伤、恐惧五种情绪进行主观评定（1 = "没有",2 = "较轻",3 = "一般",4 = "较强",5 = "很强"）。

3. 实验设计

采用 2（情绪状态:内疚组,控制组）×3（分配对象:朋友小 A,朋友小 B,自己）的混合实验设计,其中被试间变量为情绪状态,被试内变量为分配对象,因变量为分享的巧克力数量。

4. 施测与计分

实验采用团体施测法,由固定主试统一施测,利用 E-prime2.0 系统,通过大屏幕投屏呈现内疚情境故事,确保被试理解故事后再呈现补偿任务情境。

第一步:按照不同分组呈现相应的故事情境,使被试在实验过程中假设自己为故事主人公,经历着情境故事,按实际情况完成任务。

第二步:完成情绪自评量表。

第三步:补偿决策任务。具体如下:"妈妈从国外给你捎了一盒巧克力,这是你最爱吃的巧克力,一共 12 块。你可以决定是否与朋友小 A、小 B 分享?

(小 A、小 B 对你如何分完全不知情,也不会有意见)。"被试可以选择"分享"或者"不分享",如果被试选择"不分享",补偿决策任务结束;如被试选择"分享",要求被试在纸上写下分享的个数和原因。所分配的巧克力个数即为得分,得分范围为 1~12 分。

第四步,实验结束,发放被试礼品。

(三) 结果分析

1. 内疚唤醒的主观体验

内疚组和控制组被试的主观情绪体验得分情况如表 4-7 所列。

表 4-7 内疚组和控制组情绪唤醒情况($M \pm SD$)

	内疚组	控制组
愉悦	1.08±0.49	3.00±1.28
愤怒	1.66±1.12	1.32±0.73
内疚	3.84±1.00	1.47±0.83
悲伤	2.47±1.33	1.29±0.68
恐惧	2.42±1.20	1.79±0.24

采用独立样本 T 检验比较内疚唤醒组、控制组的情绪体验得分,发现内疚组的内疚[$t(70) = 10.894, p < 0.001$]、悲伤[$t(70) = 4.659, p < 0.001$]和恐惧[$t(70) = 2.056, p < 0.05$]得分显著高于控制组;愉悦情绪显著低于控制组,$t(70) = -8.594, p < 0.001$。对内疚组的五种情绪进行单因素方差分析,结果发现,五种情绪之间存在显著差异,$F(4, 189) = 36.015, p < 0.001$。事后检验结果表明内疚情绪得分显著高于其他四种情绪得分。

2. 三人情境下,内疚对初中生亲社会补偿行为的影响

三人情境下,内疚组和控制组被试的分配结果如表4-8所列。

表4-8 不同情绪组被试分配数量描述性统计(M ±SD)

	给小 A	给小 B	给自己
内疚组	3. 42 ±0. 25	2. 74 ±0. 24	5. 82 ±0. 45
控制组	2. 35 ±0. 26	2. 41 ±0. 25	7. 24 ±0. 49

以分得的巧克力数量为因变量进行 2(情绪状态:内疚,控制)×3(分配对象:给自己、给小 A、给小 B)重复测量方差分析。结果发现,情绪状态主效应不显著,$F(1,70) = 0.00$, p >0.05, $\eta^2 = 0.00$;分配对象的主效应显著,$F(2,140) = 56.12$, $p <0.01$, $\eta^2 = 0.45$;情绪状态与分配对象的交互作用显著,$F(2,140) = 4.79$, $p <0.01$, $\eta^2 =0.06$。进一步简单效应发现,内疚组分配给小 A 的数量显著多于控制组,分配给自己的数量显著少于控制组;分给小 B 的数量在不同情绪组下没有差异。这说明内疚情绪在三人情境下体现出亲社会功能,内疚者并不会牺牲第三方的利益补偿受害者,他们牺牲自己的利益补偿受害者。

(四)讨论

实验 2 同样采用故事情境法唤醒内疚情绪。在实验 1 的二人情境基础上,增加了另一个人物角色"朋友小 B",将二人情境变化为三人情境,被试需要将有限的资源在受伤害的朋友小 A 和另一个朋友小 B 以及自己之间进行分配。实验结果表明,故事情境成功唤醒了内疚组的目标情绪。

对分配行为的分析结果显示,不同情绪组下,分享给朋友小 A 的巧克力数量差异显著,内疚组的分享数量显著多于控制组,分享给朋友小 B 的数量在两组间差异不显著,内疚组分享给自己的数量显著低于控制组。由此可见在三人情境中,内疚依旧具有亲社会功能。被试在内疚条件下会对受害者做出补偿性的亲社会行为,且对受害者的补偿性行为不会影响社会互动情境中

第三方的利益,内疚者以牺牲自己的利益为代价去补偿受害者。

实验结果与罗马尼亚研究者①、日本研究者②的研究结果一致,而与个人主义文化背景下西班牙研究者③的研究结果不同。研究结果支持了在集体主义文化背景下,内疚者在多人互动情境中会给受害一方分配更多的资源,但是也不会忽视互动中其他人的利益,个体会做出自我牺牲行为,通过减少自己的收益来实现对受害者补偿性亲社会行为。根据前人的研究,集体主义文化中对整体和谐社会关系的强调,是促使个体做出自我牺牲行为的重要因素。④⑤⑥

虽然我们与丁芳、周銮的研究同样选自中国文化背景下的初中学生作为被试,但是却得到了不同的实验结果。我们认为,个体与互动对象之间的关系亲密度可能是造成研究结果不一致的原因之一。亲社会行为的对象对亲社会行为具有显著的调节作用,内疚的亲社会功能可能存在对象上的限制。⑦ 在丁芳、周銮的研究中,二人情境下,内疚者会减低对自己分配的比例,进而补偿遭受损失的游戏搭档,但进入三人情境时,却没有发现内疚组被试会牺牲自己

① Rotella, K. N., Richeson, J. A. (2013). Body of guilt: Using embodied cognition to mitigate backlash to reminders of personal & ingroup wrongdoing. *Journal of Experimental Social Psychology*, 49(4), 643-650.

② Furukawa, Y., Nakashima, K., Morinaga, Y. (2016). Influence of social context on the relationship between guilt and prosocial behaviour. *Asian Journal of Social Psychology*, 19(1), 49-54.

③ De Hooge, I. E., Nelissen, R., Breugelmans, S. M., Zeelenberg, M. (2011). What is moral about guilt? Acting "prosocially" at the disadvantage of others. *Journal of Personality and Social Psychology*, 100(3), 462.

④ Michelin, C., Tallandini, M., Pellizzoni, S., Siegal, M. (2010). Should more be saved? Diversity in utilitarian moral judgment. *Journal of Cognition and Culture*, 10(1-2), 153-169.

⑤ Ahlenius, H., Tännsjö, T. (2012). Chinese and Westerners respond differently to the trolley dilemmas. *Journal of Cognition and Culture*, 12(3-4), 195-201.

⑥ Hashimoto, H., Yamagishi, T. (2013). Two faces of interdependence: Harmony seeking and rejection avoidance. *Asian Journal of Social Psychology*, 16(2), 142-151.

⑦ 汤明, 李伟强, 刘福会, 袁博. (2019). 内疚与亲社会行为的关系:来自元分析的证据. 心理科学进展, 27(5), 773-788.

的利益去补偿受害者。两种情境下,受害方是不曾谋面的电脑按键游戏搭档,参与互动的第三方是与电脑游戏无关的陌生人。因此,实验中与分配对象之间陌生人关系的设置很可能限制了内疚亲社会功能的发挥。

(五) 结论

本研究表明内疚在二人情境、三人情境下均具有亲社会功能。二人情境下,内疚组分享给受害者的巧克力数量显著多于控制组,内疚促使内疚者通过分享去补偿受害者;三人情境下内疚组分享给朋友受害者的巧克力数量显著多于控制组,分享给自己的巧克力数量显著低于控制组,分享给无关第三者的数量与控制组相比没有差异,内疚者牺牲自己的利益补偿受害者,并未损害第三方利益。

第五章 厌恶情绪与道德违规行为

第一节 厌恶情绪概述

一、厌恶情绪概念及类别

(一)定义

厌恶是基本情绪之一,引发特定的主观情绪体验、表情、生理唤醒和行为表现。对厌恶的描述最早出现在英国生物学家达尔文所著的《人类和动物的表情》[①],该书中将厌恶定义为由个体反感事物所诱发的一种情绪体验,诱发物可以是通过感官实际感知到的,也可以是头脑中想象出来的,主要通过味觉,其次是嗅觉、触觉和视觉通道感知到让人感到恶心的刺激物。匈牙利心理学家安吉亚尔[②]认为,厌恶是个体想到接近某些令人恶心的刺激物时,产生的一种负性情绪体验。能够让人感到恶心的事物很多,其中人体的排泄物是尤为明显的刺激源,而口腔则是最敏感的接触部位。后来有研究者对这一定义

[①] Darwin, C. R. (1872). *Expression of the emotions in man and animals*. Chicago, University of Chicago Press, 5-65.

[②] Angyal, A. (1941). Disgust and related aversions. *Journal of Abnormal & Social Psychology*, 36(36), 393-412.

进行了补充,提出厌恶是个体想到口腔接触到一个令人恶心的事物时,产生的强烈反感的情绪,可以有效驱动个体远离病菌、抵御有害物质摄入,从而预防感染和疾病。与刺激物的距离越近,厌恶的强度越高。最初使人类感到的厌恶的事物包括身体排泄物、腐烂的食物以及一些食腐动物(如老鼠、蟑螂等),还包括被这些事物污染过的东西。例如一些本来不会引起厌恶的东西,由于接触到厌恶刺激物,也会让人觉得恶心,不愿意再接近。[①]

厌恶情绪下的个体会感到强烈的反感,在面部表情上具有特殊的反应特征,表现为口腔张开,舌头配合嘴型伸出或不伸出,上唇卷起,眉毛下压聚拢,鼻子皱起,好像要把东西吐出来的表情。[②] 在自主神经系统上将伴有类似于呕吐的反应特征,包括皮肤电升高,呼吸减缓、消化系统活动增强、心动减缓等。[③④⑤] 厌恶在行为反应上会引发反胃、呕吐,促使个体进行回避、拒绝或者表现出清洁性的排斥动作。

无论是伴随厌恶情绪的口腔拒绝表情,还是恶心的主观感受,均清晰地表明个体想要将感染物从口腔排出、远离病原体的作用机制。很多研究者从进化角度指出厌恶具有防止感染的适应性意义,对于人的生存具有重要影响。[⑥]例如,对于与口腔摄入有关的厌恶帮助人类识别和对抗病菌,促使有害物质通

---

① Rozin,P. , & Fallon, A. E. (1987). A perspective on disgust. *Psychological Review*, 94, 23-41.

② Darwin, C. R. (1872). *Expression of the emotions in man and animals*. Chicago, University of Chicago Press, 5-65.

③ Demaree, H. A. , Schmeichel, B. J. , Robinson, J. L. , Pu, J. , Everhart, D. E. , & Berntson, G. G. (2006). Up- and down-regulating facial disgust: affective, vagal, sympathetic, and respiratory consequences. *Biological Psychology*, 71(1), 90-99.

④ Rohrmann, S. , & Hope, H. (2008). Cardiovascular indicators of disgust. *International Journal of Psychophysiology Official Journal of the International Organization of Psychophysiology*, 68(3), 201-208.

⑤ Ritz, T. , Thöns, M. , Fahrenkrug, S. , & Dahme, B. (2005). Airways, respiration, and respiratory sinus arrhythmia during picture viewing. *Psychophysiology*, 42(5), 568-578.

⑥ Curtis, V. , Aunger, R. , & Rabie, T. (2004). Evidence that disgust evolved to protect from risk of disease. *Biological Science*, 271 Suppl 4(Suppl_4), S131-3.

过呕吐的方式排出体外,使人远离疾病,保护身体健康;对于血液、肢体损伤、死亡等的厌恶可以帮助个体远离可能威胁到身体的伤害物,回避对死亡的恐惧。①

(二) 类别

在人类进化史上,厌恶的最初功能是为了保护人体健康以适应外界环境,使人类远离病菌和有害物感染。随着社会进步和人类进化,厌恶的刺激物不断增加,涉及的领域已从卫生领域进入社会道德领域,在功能上也不断扩展。

在厌恶的类别上,研究者们通常依据诱发刺激物的种类进行划分。例如,某种动物(老鼠、蜘蛛、蠕虫等)、身体排泄物(汗液、唾液、大便等)、身体外表损伤(血液、外伤、肢体残缺等)、与死亡有关的事物等等。海德特等人②根据厌恶诱发物的八个类别编制了厌恶敏感性量表(disgust sensitivity scale, DSS),测量各类厌恶刺激反应的个体差异。

罗津(Rozin)等人③根据不同防御功能,把厌恶情绪分成了四类。核心厌恶(core disgusts)的功能是最初的健康保护,在厌恶情绪的驱动下,避免与可能携带病菌的事物接触,可以防止人类感染疾病。引发核心厌恶的刺激物是腐烂的食物、身体排泄物以及食腐动物等可能造成人体感染疾病的有害物。动物提醒厌恶(animal-reminder disgusts)的功能是根据社会文化约定的行为准则,维护人类和动物的边界划分。厌恶引发物主要是会体现人类和其他动物在属性上具有相似性的刺激物及相应想法,它们会提醒人类是由动物进化而来的,使人类在观念上维持自己是干净的、道德高尚的、非动物性的认知。动物性厌恶诱发物包括一些不合常规的性行为、肥胖、躯体的残缺等。人际厌

---

① Rozin, P., Haidt, J., & Mccauley, C. R. (2005). Disgust: The Body and Soul Emotion. *Handbook of Cognition and Emotion*. John Wiley & Sons ltd.

② Haidt, J., Mccauley, C., & Rozin, P. (1994). Individual differences in sensitivity to disgust: a scale sampling seven domains of disgust elicitors. *Personality & Individual Differences*, 16(5), 701-713.

③ Rozin, P., Haidt, J., & Mccauley, C. (2009). Disgust: the body and soul emotion in the 21st century. *Neuroethics*, 9-29.

恶(interpersonal disgusts)的功能是保护个体回避违背意愿的社交活动,主要表现为自己的身体等与陌生人或讨厌的人接触或自己的物品被他人使用而引起的厌恶,也包括自己接触讨厌的人或他使用过的物品时感到的厌恶。人际厌恶的诱发物通常包括身体患有疾病、道德败坏或有陌生感的他人以及相关事物。道德厌恶(moral disgusts)的功能是维持社会秩序和行为规范,促使个体将社会规范内化为自己的行为准则,避免做出违反规范的行为。道德厌恶的诱发物与违背公认的社会道德规范相关,源于人类社会文明的发展,主要受到个体内化的社会道德准则的影响。例如,经历或观察到他人做出违背社会道德规范的事件,个体内心会体验到反感和不舒服,包含偷盗、欺骗、不忠诚、种族歧视等方面内容。个体对违反社会规范的行为产生反感的情绪体验,继而自己避免做出相应行为或避免与违反规范的他人或群体接触。道德厌恶可以有效推动个体约束自己的行为,维护社会秩序和谐稳定。[①]

　　厌恶是人类六大基本情绪之一,有研究者从情绪本身的维度对厌恶进行类别划分。李和埃尔斯沃思[②]认为厌恶情绪在结构上是一种复合情绪,不会单独出现,个体在体验到厌恶的同时,往往还伴随有其他情绪,例如愤怒、恐惧、悲伤等。因此根据主要伴随情绪的不同,厌恶可以划分成两类:生理厌恶(physical disgust)与道德厌恶(moral disgust)。生理厌恶往往与恐惧情绪相联系,就像看到老鼠时,很多人会感到恶心和害怕,促使个体快速远离,生理厌恶驱动下的个体回避行为与人类的生存与健康息息相关。道德厌恶在结构上比生理厌恶的成分更复杂,往往在体验到厌恶的同时,也会感到愤怒、轻蔑等负性情绪,例如看到有人乱扔垃圾。有的时候,道德厌恶甚至还会伴随有愉悦这一正性情绪,例如听到他人讲一个粗俗的笑话。道德厌恶的发展往往和社会道德规范的内化相关联。

---

① Tybur, J. M., Lieberman, D., & Griskevicius, V. (2009). Microbes, mating, and morality: individual differences in three functional domains of disgust. *Journal of Personality & Social Psychology*, 97(1), 103-22.

② Lee, S. W. S., & Ellsworth, P. C. (2011). Maggots and morals: Physical disgust is to fear as moral disgust is to anger. *Components of emotional meaning: A sourcebook*.

二、核心厌恶与道德厌恶的同质性

在厌恶情绪研究的早期,研究者普遍认为虽然诱发厌恶的刺激物多种多样,但是不同类型的厌恶情绪均根源于核心厌恶,遵循着"口腔不"到"道德不"的进化路径。厌恶泛化理论和预适应理论从生物进化角度,阐述了从核心厌恶到道德情绪的发展泛化。

厌恶泛化理论认为厌恶情绪最初是对受污染食物的排斥与拒绝,之后泛化到人际和道德层面[1],从最初由口腔摄入带来的生理厌恶延伸到对不道德行为的厌恶。研究者提出厌恶是"身体和灵魂的情绪",使人们远离疾病保持健康,防止违背道德规范行为的发生,维护社会秩序。厌恶产生的接触原则和相似原则从机制上对泛化作用进行了说明。接触原则是指当两个事物存在接触时,厌恶感会从一个事物传递到另一个事物上,如一杯浸泡过虫子的水,即使告诉你虫子不携带病菌,这杯水是安全的,你也不会再去喝,因为觉得恶心。相似原则是当两个事物具有相似的外形,那么会被认为有相似的本质属性,如一块做成粪便性状的糖果,你虽然知道在食品安全上完全可以放心,但是仍然会感到厌恶,拒绝食用。这两个原则充分说明了厌恶刺激物的泛化过程,这种过程在一定程度上不受认知的控制。

预适应理论从进化生物学中的预适应机制出发,对厌恶情绪的发展提供理论支持。"预适应"是指已经存在的系统在发展过程中,进化出新的功能代替了旧功能,或者对原有系统进行整合。[2] 该理论认为,厌恶的作用机制是从最初的食物避免机制进化到社会道德避免机制。与厌恶泛化理论相同,预适应理论提出个体对道德规范违反行为的厌恶是源于口腔上食物避免的厌恶。核心厌恶通过预适应机制,从身体健康领域逐渐过渡到社会文化领域,从最初的防御疾病和感染的功能进化出社会道德规范维护功能。

---

① Rozin, P., Haidt, J., & Mccauley, C. (2009). Disgust: the body and soul emotion in the 21st century. *Neuroethics*, 9-29.

② Mayr, E. (1960). The emergence of evolutionary novelties. *Evolution & the Diversity of Life*, 349-380.

三、核心厌恶与道德厌恶的异质性

近年来,越来越多的研究者认识到道德厌恶和核心厌恶虽然在某些属性上存在紧密联系,但是不同种类刺激物诱发的厌恶在不同结构层面上存在特异性。

(一)核心厌恶和道德厌恶在情绪成分上的差异

核心厌恶和道德厌恶在情绪反应上共用一套情绪表达系统,如拥有相同的面部、唇部等部位的典型情绪表达特征,但是研究者指出,核心厌恶和道德厌恶由于情绪结构上的差异,在情绪的主观体验和面部表情上显现出异质性。

在一项研究中,以图片的形式给被试呈现核心厌恶和道德厌恶刺激,通过自主评定量表测量个体厌恶的主观体验。结果发现,虽然被试报告两种厌恶的强度上没有存在显著差异,但是伴随情绪的构成上是不尽相同的。核心厌恶图片同时诱发出更多的恐惧情绪,道德厌恶图片诱发出更多的愤怒和轻蔑。这得到了其他一些研究的证实,核心厌恶与恐惧、悲伤情绪有关,道德厌恶则与愤怒情绪有关。[1] 也有研究者提出,虽然个体在面对核心厌恶和道德厌恶情境时,都会选择用"厌恶"这一形容情绪的词语,但是两种情况下,厌恶情绪体验却不是完全相同的。举个例子,厌恶在形容污染性的排泄物时,更多地表达"反胃"的感觉,而在形容种族歧视的人或事件时,则是在表达"反感"的情绪。[2] 研究显示,核心厌恶和道德厌恶引发的面部表情也不是完全一致的,核心厌恶下个体的表情更接近于想要呕吐,社会道德厌恶的表情则更接近于

---

　① Marzillier, S. L., & Davey, G. C. L. (2004). The emotional profiling of disgust-eliciting stimuli: evidence for primary and complex disgusts. *Cognition & Emotion*, 18(3), 313-336.

　② Sabo, J. S., & Giner-Sorolla, R. (2017). Imagining wrong: Fictitious contexts mitigate condemnation of harm more than impurity. *Journal of Experimental Psychology: General*, 146(1), 134-153.

愤怒。①

当情绪刺激反复出现,又没有实质性的结果发生时,个体会出现适应性,表现为主观体验、中枢神经系统以及自主神经系统的情绪反应性下降。生活中存在大量可以引发厌恶情绪的刺激,例如公共卫生间,公园露天的座椅,甚至是呼吸的空气,个体通过回避、重评以及适应来屏蔽掉不必要的感受,节约心理资源。② 核心厌恶与道德厌恶在情绪反应的时间进程上的差异性也得到了研究者的关注。实验证明,在反复暴露于刺激物的情况下,核心厌恶表现出更明显的反应性下降趋势,被试的厌恶程度会随时间推移而减弱。道德厌恶则不会出现这种随时间减弱的适应现象,相反,随着接触道德厌恶刺激物的时间增加而表现为情绪反应增强。③④ 由此研究者提出,核心厌恶和道德厌恶的加工通路存在差异。核心厌恶产生于对刺激的自动加工,使个体能够迅速避开危险,道德厌恶则来自对刺激进行解释评估加工,依赖于社会文化规范。面对反复出现的厌恶刺激,个体的情绪反应是否会发生适应性变化,对于环境适应和生存发展具有重要进化意义。根据上述研究结论,面对生活中反复出现的污染性厌恶诱发物,个体的厌恶性反应会因为习惯化而降低,而如果反复接触违反道德规范的人或事件,个体的厌恶感不会降低,反而有可能增强。

有研究者从厌恶敏感性角度,探查了两种厌恶情绪的适应性,得出了相似的结论。研究中的被试选自医学院的学生。在上解剖课前后,利用量表评估学生对于残肢和尸体的厌恶敏感性。结果发现,在长时间和重复接触厌恶诱发物后,被试表现出反应性降低,对刺激物的厌恶敏感性显著下降,出现适应性。

① Yoder, A. M., Widen, S. C., & Russell, J. A. (2016). The word disgust may refer to more than one emotion. *Emotion*, 16(3), 301−308.

② Rozin, P. . (2008). Hedonic "adaptation": specific habituation to disgust/death elicitors as a result of dissecting a cadaver. *Judgment & Decision Making*, 3(2), 191−194.

③ Simpson, J., Carter, S., Anthony, S. H., & Overton, P. G. (2006). Is disgust a homogeneous emotion? *Motivation and emotion*, 30(1), 31−41.

④ 黄好.核心厌恶与社会道德厌恶的认知加工和适应性研究. D.2011.重庆.

(二)核心厌恶与道德厌恶在生理唤醒上的差异

自主神经系统的唤醒是情绪产生的重要特征之一,人体心血管系统、呼吸系统等特定的自主反应模式,为个体在不同情境下做出适应性行为提供必要准备。① 在早期研究中,厌恶情绪被认为在自主神经反应上表现为心动减缓,副交感神经活动增强。② 然而,不同研究对于厌恶情绪的自主神经唤醒模式并没有得出一致性结论。③④ 其中一个重要原因可能在于不同类型厌恶情绪下自主神经唤醒的模式是不同的。例如,有研究者指出,与污染相关的厌恶(如腐烂食物)表现为交感、副交感系统同时激活,伴随呼吸加快;与受伤相关的厌恶(如肢体残缺)使交感神经失活,迷走神经激活不变,皮电反应升高。核心厌恶降低内脏运动,而受伤厌恶降低心脏运动。⑤

社会道德厌恶的自主神经唤醒特点也得到了研究者的关注。⑥ 该研究比较了生理厌恶和社会道德厌恶的生理唤醒差异,结果发现生理厌恶使副交感神经系统活动增强,心率变异性升高;道德厌恶出现了不同的反应趋势,表现为副交感活动降低,交感神经活动增强,心率加快。该结果支持了两种厌恶情绪存在异质性。

① Stemmler, G. (2004). Physiological processes during emotion. In P. Philippot & R. S. Feldman (Eds.), *The regulation of emotion* (pp. 33-70). Mahwah, NJ: Erlbaum.

② Levenson, R. W. (1992). Autonomic nervous system differences among emotions. *Psychological Science.* 3(1), 23-27.

③ Kreibig, S. D. (2010). Autonomic nervous system activity in emotion: a review. *Biological Psychology*, 84(3), 394-421.

④ Comtesse, H., & Stemmler, G. (2016). Fear and disgust in women: differentiation of cardiovascular regulation patterns. *Biological Psychology*, 123, 166-176.

⑤ Shenhav, A., & Mendes, W. B. (2014). Aiming for the stomach and hitting the heart: Dissociable triggers and sources for disgust reactions. *Emotion*, 14(2), 301-309.

⑥ Ottaviani, C., Mancini, F., Petrocchi, N., Medea, B., & Couyoumdjian, A. (2013). Autonomic correlates of physical and moral disgust. *International Journal of Psychophysiology*, 89(1), 57-62.

(三) 核心厌恶与道德厌恶在脑机制上的差异

随着科学研究技术的推进,核心厌恶和道德厌恶在脑神经活动层面的差异也逐渐得到证实。一些研究利用脑成像技术探究核心厌恶和道德厌恶唤醒时的脑活动差异。

摩尔(Moll)[1]等人利用功能性磁共振成像(functional magnetic resonance imaging,fMRI)技术,比较了核心厌恶和道德厌恶唤醒时的大脑激活区域差异。研究者利用两种厌恶情绪的文字材料唤醒被试相应的目标情绪。其中核心厌恶刺激描述了肮脏的情境,道德厌恶材料涉及社会规范的违反行为。结果发现,二者激活的脑区虽然有重合,又并非完全一致。重叠区域包含大脑腹侧和外侧眶前额叶皮层,腹侧额中回和左侧额下回;从差异看,核心厌恶更多激活了前扣带回、右侧额下回等右额叶脑区,而道德厌恶更多激活了左侧前部额上回、左侧外侧眶额回等左额叶脑区。

有研究者利用事件相关电位技术(event-related potentials, ERPs),采用厌恶相关词语作为实验材料,比较了令人产生生理反感的核心厌恶与违反社会规范的道德厌恶在脑电成分上的差异。结果发现两种厌恶情绪在晚期正成分(LPC)的激活上存在显著差异,核心厌恶词语表现出更大的激活,这可能与注意资源的获取有关。[2] 王轶飞[3]同样利用厌恶词语作为实验材料,探查了愤怒性厌恶、恐惧性厌恶、纯性厌恶在 ERP 成分上的差异,得到了相似的结论。结果发现,纯性生理厌恶词在脑电成分 P300 成分的激活波幅显著高于愤怒和恐惧性厌恶词。

---

[1] Moll, J., Oliveira-Souza, R. D., Moll, F. T., Ignácio, F. A., Bramati, I. E., & Caparelli-Dáquer, E. M., et al. (2005). The moral affiliations of disgust:A functional MRI study. *Cognitive and Behavioral Neurdogy*,18(1), 68-78.

[2] Sarlo, M., Buodo, G., Poli, S., & Palomba, D. (2005). Changes in eeg alpha power to different disgust elicitors:the specificity of mutilations. *Neuroscience Letters*, 382(3), 291-296.

[3] 王轶飞. (2015). 恐惧性厌恶、愤怒性厌恶和纯性厌恶的分类比较. (博士学位论文). 杭州师范大学.

针对核心厌恶和道德厌恶在脑机制上的差异,有研究者提出,对核心厌恶的回避与身体健康和生命安全有紧密联系,对人类生存具有重要的适应意义,使个体能够迅速避开危险,因此会更多地激活大脑皮层下结构,核心厌恶产生于对刺激的自动加工;道德厌恶则来自对刺激进行解释评估加工,依赖于社会文化规范,需要更多的认知评估,因此更多激活大脑皮层结构。①

(四)核心厌恶与道德厌恶在社会文化上的差异

与高兴、悲伤等情绪相比,虽然厌恶也属于基本情绪之一,但是相对发展更晚。随着个体成长,逐渐学会把一些刺激物和厌恶情绪相关联。我们教会儿童哪些东西是不卫生的,是需要远离的,否则会感染疾病。对于某些厌恶诱发物来说,在属性上具有跨文化的一致性,例如身体排泄物、伤口、肮脏的环境等。② 但是另外一些厌恶刺激物在情绪唤醒上体现出独特的文化特点。例如,一些发酵食物的口感和气味(奶酪,臭豆腐),在一些文化中是令人厌恶的,但在另一些国家中却受到大众喜爱。

道德厌恶的产生更依赖于社会规范的内化,因此在不同文化背景下体现出更多的特异性。不同文化中道德观、价值观与行为准则体系的差异,使人们在作出道德评估时采取不同的标准。例如,有研究指出,在集体主义文化中的个体,认为见利忘义的行为是非常令人厌恶的③,而个人主义文化背景下的个体则认为,谋求个人正当的利益是无可厚非的,不能只谈义而不讲利。

---

① 黄好,罗禹,冯廷勇,李红. (2010). 厌恶加工的神经基础. 心理科学进展,18(9),1449-1457.

② Haidt,J,& Graham,J. (2007). When morality opposes justice:conservatives have moral intuitions that liberals may not recognize. *Social Justice Research*,20(1),98-116.

③ Haidt,J. (2007). The new synthesis in moral psychology. *Science*,316(5827),998-1002.

第二节　厌恶情绪对道德决策及行为的影响

一、厌恶与社会决策的关系

情绪对社会决策的重要影响已经达成共识。厌恶情绪广泛存在于人们的日常生活中,它会对我们的社会决策存在哪些影响成为众多研究者关注的问题。

我们会利用对某事物或事情的情绪感受即厌恶体验作为决策的判断依据,而不是进行客观理性的分析。例如,他人触摸过的商品会引发个体的厌恶情绪,虽然从理性上知道这并不会影响商品的品质,但是在厌恶情绪的影响下,还是会对该产品作出较低的评价,进而降低购买意愿。[①] 在另一项研究中,研究者发现,当一个商品与令人厌恶的商品接触后,厌恶感会传染到这个商品上,导致消费者的评价降低,甚至这种接触没有实际发生,只是消费者认为曾经发生过,也会对它产生厌恶感。[②]

厌恶情绪对判断和决策影响的另一个主要研究领域涉及与人们生活息息相关的道德决策。研究者发现,个体在厌恶情绪被唤醒后,会加重对违反社会规范事件的道德评判,倾向于对肇事者给出更严苛的惩罚。[③] 而且,诱发的厌恶情绪既可以是核心厌恶也可以是道德厌恶,两种厌恶情绪下对后续不道德

[①]　Argo, J. J., Dahl, D. W., & Morales, A. C. (2006). Consumer contamination: How consumers react to products touched by others. *Journal of Marketing*, 70(2), 81-94.

[②]　Morales, A. C., & Fitzsimons, G. J. (2007). Product contagion: Changing consumer evaluations through physical contact with "disgusting" products. *Journal of Marketing Research*, 44(2), 272-283.

[③]　Haidt, J., & Hersh, M. A. (2001). Sexual morality: the cultures and emotions of conservatives and liberals. *Journal of Applied Social Psychology*, 31(1), 191-221.

行为的判断都倾向于更严厉。例如,惠特利和海德特[1]等人通过催眠让被试对某个本身与厌恶无关的单词形成厌恶感。随后让被试对一些内容涉及偷窃、乱伦、受贿等违反道德规范的句子进行判断,在其中一些句子中加入之前与厌恶形成联系的单词。结果表明,被试对加入厌恶词语的行为描述判定为更加恶劣,更加严重地违反了社会道德规范。

一项研究中,埃斯金和普瑞泽[2]让被试作出道德评判之前,喝下不同口味的饮料,包括苦味、甜味和无味。研究结果发现被饮料唤醒不同情绪的被试,对同样的不道德行为给出了不同程度的评判,喝下令人厌恶口感饮料的人认为这种不道德行为应该受到非常严厉的惩罚。

另一项研究比较了核心厌恶和道德厌恶诱发对后续行为决策的影响。实验通过闻臭味、处于脏乱的房间中、回忆自身厌恶事件和观看厌恶影片,启动了被试的不同类型的厌恶情绪,然后让其对违反道德规范的事件进行评判。结果显示,不同诱发方式下启动的核心厌恶和道德厌恶,均会加重个体对后续道德违反事件评判的严苛度。[3]

二、厌恶与洁净行为

让人感到厌恶的东西往往是肮脏的,不洁净的,想要保持身体洁净和心灵纯净的意愿驱使个体避免接触污染源。我们知道,身体被弄脏后的清洗行为可以帮助恢复干净卫生的状态,那么心灵被污染后,能否被洗刷干净呢?心理学研究领域中有一种心理现象称为"麦克白效应"(Macbeth effect),这个名字源于莎士比亚名剧《麦克白》,剧中的麦克白夫人唆使丈夫谋杀国王邓肯之后,双手沾上了血,她疯狂地洗手,想洗掉手上的血迹,就好像能够清洗掉身上

① Wheatley T, & Haidt J. (2005). Hypnotic disgust makes moral judgments more severe. *Psychological Science*, 16(10), 780-784.

② Eskine K J, Kacinik N A, & Prinz J J. (2011). A Bad Taste in the Mouth. *Psychological Science*, 22, 295-299.

③ Schnall S, Haidt J, Clore G L, et al. (2008). Disgust as Embodied Moral Judgment. *Personality and Social Psychology Bulletin*, 34(8), 1096-1109.

的污点。相似的场景相信大家在很多电影中都见过,罪犯行凶后,在流动的水龙头下反复不断洗手,想要洗清身上的污迹。一个人在做出不道德行为后,会体验到厌恶情绪,想要通过清洁行为降低自己的罪恶感和厌恶感。也就是说,在个体做出不道德行为之后,通过一定的身体清洁行为,可以缓解或消除个体已有的罪恶感。已有研究证实了身体纯洁和道德纯洁之间确实存在某种联系,可以互相影响,身体洁净可以降低由于道德纯洁受到威胁而产生的厌恶感。[①]

进化心理学认为道德厌恶是由核心厌恶进化而来,身体上的不洁(如自身沾染血迹),与道德上的不洁(如说谎)之间具有耦合的联系。厌恶最初的功能是回避有害食物,保护身体健康,后来通过生物和社会进化最终嵌入社会文化领域,在功能上扩展为保护身心边界,维持社会秩序的作用。[②] 道德纯洁受到威胁可能会影响身体洁净感,而身体洁净的需求得到满足后,也能缓解不道德感引起的焦虑。

施内尔(Schnall)等人[③]利用实验直接地检验了在启动厌恶情绪后,洗手行为对个体后续道德判断的影响。使用洗手的方式提供给被试自我清洁的机会。结果发现,没有洗手的被试在道德判断上更加严厉,实验结果又一次证实了身体洁净行为可以缓解个体的厌恶感。研究者提出,道德判断是由个体的直觉驱动,而不是更精细的道德推理,道德直觉可以源于身体上的纯净感。

尽管"麦克白效应"在许多研究中得到了证实,但是有研究指出这一心理补偿机制存在文化属性,"麦克白效应"在一些社会文化中并不存在。例如,

---

① Zhong, C-B., & Liljenquist, K. (2006). Washing away your sins: Threatened morality and physical cleansing. *Science*, 313, 1451-1452.

② Rozin, P., Haidt, J., & McCauley, C. R. (2008). Disgust. In M. Lewis, J. M. Haviland-Jones, & L. F. Barrett (Eds.), *Handbook of Emotions* (3rd ed., pp. 757-776). New York, NY: Guilford.

③ Schnall, S., Benton, J., & Harvey, S. . (2008). With a clean conscience: cleanliness reduces the severity of moral judgments. *Psychological Science*, 19(12), 1219-1222.

有研究者在西班牙①和中国②重复了身体清洁对道德厌恶感影响实验,研究结果没有出现"麦克白效应",身体洁净行为对处于特定文化背景下个体的道德厌恶感没有发生显著影响。

　为了进一步探查道德纯洁修复行为的文化差异,任俊和高肖肖(2013)以中国大学生为被试,探查了东方文化背景下,个体在道德厌恶被唤醒后的行为方式。首先让被试回忆自己做过的不符合道德规范的事件来启动目标情绪,然后对后续行为倾向进行评测。研究结果发现,东方人在唤醒自身的道德厌恶情绪后,更倾向于做出掩饰性行为,而并非在西方文化中出现的洁净行为。该研究共包括三个实验:实验1的结果证实了被试在启动不道德情绪后的会对掩饰性行为表现出显著偏好。实验2发现道德厌恶情绪状态下的被试,更愿意选择具有掩饰性功能的物品,例如,围巾、墨镜等。实验3中被试在回忆完自己不道德行为事件后,要求一部分被试面对镜子整理自己的着装,然后离开实验室前可以挑选一个笔记本作为实验礼品。结果发现经过整理(掩饰行为)之后的被试更偏向于选择白色封皮的笔记本,而没有经过整理的被试则更偏向于选择黑色封面。研究者认为对笔记本颜色的选择与个体当前的情绪有关,在该研究中,经过整理(掩饰)行为后,被试的不道德感有所恢复,因此在物品选择上更倾向于白色,而没有做过修饰行为的被试,则会因为道德厌恶情绪而更倾向于选择具有掩饰功能的黑色。

　在对"麦克白效应"的文化属性依赖上,研究者提出东西方文化中"自我防御机制"的差异可以作为一种解释。西方文化下的容易在不道德行为之后产生洁净行为来降低厌恶体验;而东方文化下的个体将不道德行为视为一种"失面子"的行为,更多导致羞耻感而不是道德厌恶,因此会选择通过掩饰等

---

①　Gámez, Elena, Díaz, José M., & Marrero, Hipólito. (2011). The uncertain universality of the macbeth effect with a spanish sample. *Spanish Journal of Psychology*, 14(01), 156-162.

②　阁书昌. (2012). "洗掉罪恶感":身体洁净与道德的关联性. 中国社会科学报.

行为或行为倾向来减少内心的不适。①

第三节　实证研究

一、核心厌恶与道德厌恶的动机取向

厌恶是基本情绪之一,引发特定的主观情绪体验、表情、生理唤醒和行为表现。厌恶可以有效驱动个体远离病菌、抵御有害物质摄入,从而预防感染和疾病。② 最初使人类感到厌恶的事物包括身体排泄物、腐烂的食物以及一些食腐动物(如老鼠、蟑螂等),还包括被这些事物污染过的东西,有这些诱发物引起的厌恶称为核心厌恶。与刺激物的距离越近,厌恶的强度越高。在生理上引起恶心的核心厌恶是一种高回避动机的消极情绪。随着社会进步和人类进化,厌恶的刺激物不断增加,涉及的领域已从卫生领域进入了社会道德领域,在功能上也不断扩展。道德厌恶,是个体对违反社会规范的行为产生反感的情绪体验。道德厌恶可以有效推动个体约束自己的行为,维护社会秩序和谐稳定。③

面对厌恶诱发物时,个体被唤醒的情绪成分并不单一。研究显示,核心厌恶往往伴随着恐惧情绪,例如面对蟑螂时,不仅觉得恶心,还会感到恐惧。道德厌恶则往往伴随有更多的愤怒、轻蔑体验。④ 二者引发的面部表情也不是

① 任俊,高肖肖. (2013). 中国人在不道德行为之后会做些什么? 心理科学,(04),212-217.

② Rozin, P., & Fallon, A. E. (1987). A perspective on disgust. *Psychological Review*, 94,23-41.

③ Tybur, J. M., Lieberman, D., & Griskevicius, V. (2009). Microbes, mating, and morality: individual differences in three functional domains of disgust. *Journal of Personality & Social Psychology*,97(1), 103-22.

④ Fischer, A., & Giner-Sorolla, R. (2016). Contempt: Derogating others while keeping calm. *Emotion Review*, 8(4), 346-357.

完全一致的,核心厌恶下个体的表情更接近于想要呕吐,道德厌恶的表情则更接近于愤怒。①

　　研究者认为不同种类刺激物诱发的厌恶具有各自不同的特征,并非同质。核心厌恶与道德厌恶的异质性研究分别在主观体验成分、认知加工方式、生理机制以及脑机制方面得到了验证。本研究试图从情绪的动机角度,进一步探查核心厌恶和道德厌恶在趋避倾向上的异质性。

　　道德厌恶与道德愤怒情绪关联紧密,二者往往同时存在。道德愤怒是指个体觉知公平或正义准则被违反时引发的愤怒,是一种典型的道德情绪,具有亲社会的道德动机。道德愤怒的诱发刺激往往是自身内化的道德行为准则受到威胁,在主观体验上感到愤怒。② 因此从动机角度分析,核心厌恶与恐惧厌恶相伴,往往引发个体强烈的回避倾向,而道德厌恶会同时诱发愤怒情绪,产生补偿受害者或惩罚侵犯者的趋近行为或意向。

　　本研究实验 1 参照亚当斯等人③的趋避任务范式(approach-avoidance procedure,AAP),考察了核心厌恶和道德厌恶的动机差异。该范式利用面孔表情作为实验材料,被试任务是目标移动方向与面孔朝向是否一致,一致条件下为趋近任务,不一致条件下为回避任务。结果发现,面孔表情为愤怒时,被试的趋近反应时显著加快,且趋近快于回避。本研究的实验材料改为无意义的符号:＊和+,为了避免材料内容本身对被试的情绪及行为产生影响。在被试执行趋避任务之前,通过厌恶图片诱发目标情绪。

　　实验 2 采用改进的"模拟小人"实验范式④,进一步探查核心厌恶和道德

---

① Yoder, A. M., Widen, S. C., & Russell, J. A. (2016). The word disgust may refer to more than one emotion. *Emotion*, 16(3), 301-308.

② Carlsmith, K. M., Darley, J. M., & Robinson, P. H. (2002). Why do we punish? Deterrence and just deserts asmotives for punishment. *Journal of Personality and Social Psychology*, 83, 284-299.

③ Adams, R. B., Ambady, N., Macrae, C. N., & Kleck, R. E. (2006). Emotional expressions forecast approach-avoidance behavior. *Motivation & Emotion*, 30(2), 177-186.

④ Kensinger, E. A. (2009). What factors need to be considered to underst and emotional memories? *Emotion Review*, 1, 120-121.

厌恶的趋避动机倾向。该范式的设计中,被试想象"模拟小人"是自己,并且要求被试根据箭头的方向操纵"模拟小人"趋近或回避情绪刺激,通过按键反应时来考察两种动机取向的差异。模拟小人范式提高了研究的生态学效果,并对情绪刺激的效价和趋避反应进行了有效分离。

(一)实验 1 核心厌恶与道德厌恶在动机取向上的差异研究

1. 研究目的

本研究通过趋避任务 Adam 的改进范式,采用正性、核心厌恶和道德厌恶图片诱发被试相应的目标情绪,对不同唤醒状态下的情绪成分进行了对比,并探查了个体在正性、核心厌恶和道德厌恶情绪状态下,趋近行为和回避行为的特征。

2. 研究方法

(1)被试

采取方便取样的方法,选取大学在校大学生 49 名,年龄在 18~23 岁之间,平均年龄为 20.4 岁。其中男生 27 名,女生 24 名。均为右利手,裸眼视力或矫正视力正常。

(2)实验材料

实验使用图片 40 张,其中 10 张正性情绪图片,10 张中性图片,来源于中国情绪图片系统(CAPS)。核心厌恶图片 10 张,道德厌恶图片 10 张,来源于网络。

根据核心厌恶与道德厌恶的定义,从互联网上选取 50 张彩色图片,参照前人文献,将图片大小制作为 15.0 厘米×11.6 厘米。[①]招募 77 名大学生对观看每张厌恶图片后体验到的愉快、厌恶、愤怒、恐惧和悲伤五种情绪的强度和唤醒度进行李克特 7 点评价。筛选出厌恶强度大于 4 的图片,经方差分析,每张图片厌恶强度显著高于恐惧、愤怒、悲伤和愉快情绪评分($ps<0.05$)。然

---

① Simpson, J., Carter, S., Anthony, S. H., & Overton, P. G. (2006). Is disgust a homogeneous emotion? *Motivation and Emotion*, 30(1), 31–41.

后采用独立样本 t 检验,对两组图片的厌恶强度($p = 0.64$)和唤醒度($p = 0.26$)进行匹配,筛选得出两种厌恶图片各 10 张。其中核心厌恶图片内容涉及粪便、汗渍、呕吐物、腐烂的食物和苍蝇;道德厌恶图片涉及偷窃、背叛、虚伪、不忠诚和违反公德。

情绪自评量表:参照 Rozin 等人[①]对厌恶情绪的评价方法,被试对观看厌恶图片后体验到的愉快、厌恶、愤怒、恐惧和悲伤五种情绪的强度分别进行李克特 7 点评价(1 代表没有,7 代表很强)。

实验程序通过 Superlab7.40 系统编程后在戴尔 17 寸的显示屏上呈现,分辨率为 1024×768,屏幕背景为白色,距离被试大约 70cm。

(3)实验设计

本实验采用 3(情绪条件:核心厌恶、道德厌恶、正性情绪)×2(任务类型:趋近任务、回避任务)的混合实验设计,其中情绪条件为被试间因素,任务类型为被试内因素。

(4)实验程序

在正式实验前,进行练习任务。为被试讲解指导语,确认被试理解实验要求。练习阶段,使用中性图片作为情绪诱发阶段的材料,具体任务与正式实验相同,共 10 个 trail。确保被试的正确率达到90%后,才能进入正式实验。

练习结束后,要求被试保持平静放松 2 分钟。为了排除或减少被试除实验操作产生外其他情绪的影响。

开始正式实验。

第一步,情绪诱发任务。给不同组别被试呈现相应的一组图片(核心厌恶情绪、道德厌恶情绪或者正性情绪图片),共 10 张,每张图片呈现时间为5000ms,呈现顺序随机。全部观看完毕后,要求被试填写情绪自评量表,对当前的情绪(平静、愉快、厌恶、愤怒、恐惧、悲伤)做 7 点评分(1 为无该情绪体

---

① Rozin, P., Millman, L., & Nemeroff, C. (1986). Operation of the laws of sympathetic magic in disgust and other domains. *Journal of Personality and Social Psychology*, 50(4), 703-712.

验,7 为该情绪体验非常强烈)。

第二步:趋避任务。首先屏幕中央会出现一个注视点,请被试集中注意。然后,随机在屏幕的左侧或者右侧呈现一个信号"＊",呈现时间为500ms。之后会在屏幕的中间呈现一个注视点"+",呈现时间为1000ms,接下来随机在屏幕的左侧或者右侧出现一个新的刺激"＊"。被试的任务是需要其判断这个刺激与之前的信号所在位置是否一致,根据判断又快又准地在数字键盘区用右手进行按键反应。为了平衡按键方式,一半被试要求按数字键盘中"4"键表示一致,"6"键表示不一致;另一半相反,数字键盘中"4"表示不一致,"6"键表示一致。按键后屏幕刺激消失,呈现白色空屏。若被试在第二个"＊"刺激出现后1400ms内未进行按键反应,则刺激自动消失,被试的反应时不予记录。最后呈现2000ms的空屏来消除干扰。正式实验包括40个trail,一致与不一致的情况各半。

趋避任务结束后要求被试填写一份新的情绪自评量表,对当前的情绪(平静、愉快、厌恶、愤怒、恐惧、悲伤)做7点评分(1为无该情绪体验,7为该情绪体验非常强烈)。

3. 实验结果

(1)观看情绪类型图片后被试的情绪体验变化

使用配对样本 t 检验,对不同组观看图片前后的情绪体验进行分析,结果详见表5-1。

表 5-1　三组被试观看图片前后情绪体验变化($M \pm SD$)

情绪体验	核心厌恶组		道德厌恶组		正性情绪组	
	观看前	观看后	观看前	观看后	观看前	观看后
平静	5.07±1.53	3.33±1.29	5.13±1.15	3.56±1.68	5.50±1.16	5.00±1.10
愉快	3.93±1.39	2.53±1.51	3.81±1.47	2.13±1.20	3.50±1.41	4.19±1.38
厌恶	1.60±0.83	4.93±1.75	1.50±0.73	4.38±1.36	1.50±1.03	1.38±0.89
愤怒	1.27±0.59	3.40±1.77	1.31±0.60	4.19±1.47	1.13±0.34	1.44±0.89
恐惧	1.53±1.06	2.40±1.06	1.56±0.73	2.50±1.79	1.38±0.62	1.25±0.45
悲伤	1.27±0.46	2.87±1.51	1.50±0.82	3.38±1.63	1.38±0.72	1.63±0.16

　　配对样本 t 检验结果显示,正性情绪组在观看正性情绪图片后,愉快情绪显著升高,$t = 1.96$,$p < 0.01$。核心厌恶组在观看图片后,厌恶情绪显著升高,$t = 7.34$,$p < 0.01$;恐惧情绪显著上升,$t = 3.66$,$p < 0.01$;悲伤情绪显著升高,$t = 4.12$,$p < 0.01$。道德厌恶组在观看情绪图片后,厌恶情绪显著提高,$t = 7.06$,$p < 0.01$;愤怒情绪显著上升,$t = 7.25$,$p < 0.01$。对情绪诱发后,核心厌恶组和道德厌恶组的厌恶和恐惧情绪进行 t 检验,结果发现两组被试在厌恶程度上没有显著差异,核心厌恶组中恐惧评分要高于道德厌恶组,道德厌恶组中愤怒维度的评分高于核心厌恶($ps > 0.05$)。

　　(2)情绪与任务类型对反应时的影响

　　将正确率小于90%的被试数据剔除,剩余被试47名。剔除每个被试的反应时在3个标准差之外的数据。3组被试反应时的平均数和标准差详见表5-2,反应时以毫秒(ms)为单位。

表5-2　在不同实验条件下的3组被试反应时的平均数和标准差($M \pm SD$)

任务类型	实验条件		
	核心厌恶组	道德厌恶组	正性情绪组
趋近任务	626±128	575±157	545±83
回避任务	662±140	623±141	595±98

　　对反应时数据进行3(情绪条件:核心厌恶、道德厌恶、正性情绪)×2(任务类型:趋近任务、回避任务)的两因素混合方差分析,结果发现:

　　任务类型的主效应显著,$F(1,46) = 30.057$,$p = 0.00$,$\eta_p^2 = 0.093$。

　　情绪条件的主效应,及两者的交互作用不显著。

　　4.分析与讨论

　　对情绪诱发后的主观评定量表进行分析,结果表明,三种情绪图片成功诱发了被试的目标情绪,表现为正性情绪组,愉悦得分显著升高;核心厌恶组和道德厌恶组的厌恶情绪显著升高,且核心厌恶伴随更多的恐惧情绪,道德厌恶伴随更多的愤怒情绪,与以往研究在不同厌恶的情绪成分上结论一致。[1]

通过对三组被试在趋避任务中的反应时差异进行分析发现,趋近任务反应时均要小于回避任务的反应时,这个结果与亚当斯[2]、高红梅[3]等人的实验结果一致。以往趋避任务中,被试的趋近任务反应时普遍高于回避任务反应时。这可能与视觉刺激的注意加工有关。

虽然本研究没有发现情绪条件与趋避任务的交互作用,但是在趋势上能够看出,回避反应上,道德厌恶情绪组的反应时要长于核心厌恶组。根据主观情绪评定,道德厌恶组同时体验放到较强烈的愤怒情绪,而愤怒具有趋近的动机取向,道德厌恶组在趋近任务中更快的反应时可能与动机方向和水平有关。由于实验1的趋避任务范式中采用无意义的符号"＊"和"+",虽然很大程度上避免了情绪材料内容对被试情绪及行为的影响,但降低了被试的代入感及实验的外部效度,因此实验2,改进了"模拟小人"范式[4],提高实验生态效度,以期进一步提高研究的敏感度。

(二)实验2 模拟小人范式下的核心厌恶与道德厌恶的动机取向差异

1. 研究目的

本研究参照马慧霞等人[5]的研究,改进了趋避任务范式中的"模拟小人"范式,探查核心厌恶与道德厌恶刺激对个体行为取向的影响。

---

① Marzillier, S. L. , & Davey, G. C. L. (2004). The emotional profiling of disgust-eliciting stimuli: evidence for primary and complex disgusts. *Cognition & Emotion*, 18(3), 313-336.

② Adams, R. B., Ambady, N., Macrae, C. N., & Kleck, R. E. (2006). Emotional expressions forecast approach-avoidance behavior. *Motivation & Emotion*, 30(2), 177-186.

③ 高红梅. (2010). 愤怒情绪与动机取向的相关研究. (硕士学位论文,河北大学).

④ Kensinger, E. A. (2009). What factors need to be considered to underst and emotional memories? *Emotion Review*, 1, 120-121.

⑤ 马惠霞, 宋英杰, 刘瑞凝, 朱雅丽, 杨琼, 郝胤庭. (2016). 情绪的动机维度对趋避行为的影响. 心理科学, 39(5), 1026-1032.

2. 研究方法

（1）被试

采取方便取样的方法，选取大学在校大学生 21 名，年龄在 18~23 岁之间，平均年龄为 19.6 岁。其中男生 13 名，女生 8 名。均为右利手，裸眼视力或矫正视力正常。

（2）实验材料

实验 2 中使用情绪唤醒图片与实验一相同。另外从中国情绪图片系统（CAPS）中挑选了四张中性图片用于练习程序。

设计了三张简笔画小人的图像，通过不同的肢体动作，分别表达小人站立，向左走，向右走的动作姿势。图片像素 162×388。

实验程序通过 Superlab7.40 系统编程后在戴尔 17 寸的显示屏上呈现，分辨率为 1024×768，屏幕背景为白色，距离被试大约 70 厘米。

（3）实验设计

实验二采用了 3（情绪条件：道德厌恶、核心厌恶、正性情绪）×2（任务类型：趋近、回避）×2（性别：男、女）的三因素混合实验设计，情绪条件和任务类型为被试内变量，性别为被试间变量。因变量为被试判断的正确率和反应时。

（4）实验程序

在正式实验前，进行练习任务。为被试讲解指导语，确认被试理解实验要求。练习阶段，使用中性图片作为情绪材料，具体任务与正式实验相同，共 10 个 trail。确保被试的正确率达到 90% 后，才能进入正式实验。在指导语中向被试强调"模拟小人"是被试自己，加强代入感。

练习结束后，要求被试保持平静放松 2 分钟。为了排除或减少被试除实验操作产生外其他情绪的影响。

开始正式实验。

正式实验操作：每一次 trail 中，屏幕的偏左方或偏右方会随机出现一个 800ms 的"+"注视点，注视点消失后，同一位置会出现一个站立姿态的模拟小人，呈现时间为 1000ms。为了防止反应定势、平衡操作效应，模拟小人出现在屏幕的左侧或右侧的次数相等。通过按数字键盘中的"4"键或者"6"键，操纵

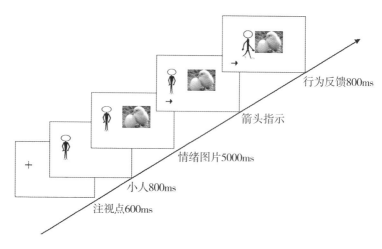

图 5-1 模拟小人范式流程图

该小人在屏幕上移动方向,"4"代表向左,"6"代表向右,与键盘相应位置方向一致;随后在屏幕的中央会出现一张情绪图片,呈现时间为 5000ms;在小人的下方出现一个向左或向右箭头,要求被试根据箭头方向立即按键反应——按"4"键或"6"键移动小人做出相应的反应。如果被试反应正确,小人将会向左或向右做出相应移动动作。最后,呈现反馈图片 800ms,从视觉上,可以看到小人走近或远离情绪图片。

实验一共包括 60 个 trail,三组情绪条件(核心厌恶、道德厌恶、正性)各20 个 trail,呈现顺序随机。

正式实验的流程如图 5-1 所示。

3. 实验结果

将正确率小于90%的被试数据剔除,剩余被试21 名。剔除每个被试的反应时在三个标准差之外的数据。三组被试反应时的平均数和标准差详见表5-3,反应时以毫秒(ms)为单位。

表 5-3　不同实验条件下被试反应时($M\pm SD$)

性别	图片类型	任务类型	均值	标准差
男性	核心厌恶	趋近任务	556.86	29.31
		回避任务	547.06	31.73
	道德厌恶	趋近任务	571.98	34.27
		回避任务	609.29	28.13
	正性情绪	趋近任务	543.76	27.50
		回避任务	554.96	34.75
女性	核心厌恶	趋近任务	506.42	27.95
		回避任务	481.73	30.26
	道德厌恶	趋近任务	494.04	32.68
		回避任务	467.19	26.82
	正性情绪	趋近任务	475.46	26.22
		回避任务	473.06	33.13

对反应时数据进行 3(情绪条件:核心厌恶、道德厌恶、正性情绪)×2(任务类型:趋近任务、回避任务)×2(性别:男、女)的三因素混合设计方差分析,结果发现:

情绪条件与性别的交互作用显著,$F(1,47)=3.299,p=0.048,\eta_p^2=0.148$。简单效应分析结果显示,男性在三种情绪条件的反应时差异显著,$F(1,19)=4.77,p=0.014$。

任务类型与性别的交互作用显著,$F(1,47)=8.233,p=0.01,\eta_p^2=0.302$。简单效应分析结果显示,在回避任务上男女有差异,$F(1,19)=6.19,p=0.022$,女性回避反应时明显快于男性回避反应时。

4. 分析与讨论

从研究结果看,在回避任务条件下,核心厌恶组反应时最短。核心厌恶是个体想到口腔接触到一个令人恶心的事物时,产生的强烈反感的情绪,可以有效驱动个体远离病菌、抵御有害物质摄入,从而预防感染和疾病。与刺激物的距离越近,厌恶的强度越高。可以推测,核心厌恶情绪下,个体产生了较强的回避动机。

本实验条件下发现,核心厌恶和道德厌恶的刺激对个体行为的影响存在性别差异。女性在两种趋避任务下反应时有显著差异,具体表现为女性的回避反应时显著快于趋近反应时;而且女性回避反应时明显快于男性回避反应时,可以由此做出推论,女性面对厌恶刺激的回避动机水平显著高于男性。

男性在不同情绪条件下,反应时存在显著差异。虽然没有出现三重交互作用,我们可以从趋势上看出,面对道德厌恶刺激,男性被试趋近反应时明显快于回避的反应时,而女性被试趋近反应时时明显慢于回避的反应时。这表明,道德厌恶刺激对男女两性的影响是不同的,男性的趋近动机更强,回避动机更弱。

二、中国文化背景下老年人的不公平厌恶对社会决策行为的影响

(一)引言

随着人类平均寿命的延长,老年人口占总人口比例呈不断上升的趋势,越来越多的国家向老龄化社会迈进。老年群体呈现出的身心和社会发展特点促使年老化研究成为当前社会学、心理学等众多学科领域关注的热点。

已有研究显示,人们在人际互动情境中做出的社会经济决策应该被理解为一个双加工过程,受到认知加工系统和情绪加工系统的相互作用影响。[1]而老化的发展对于这两个加工系统均产生重要的影响。[2][3] 因此,以往研究中

---

① Sanfey, A. G. (2007). Decision Neuroscience: New Directions in Studies of Judgment and Decision-making. *Current Directions in Psychological Science*, 16(3), 151-155.

② Harlé, K. M., & Sanfey, A. G. (2012). Social Economic Decision-making across the Lifespan: An fMRI Investigation. *Neuropsychologia*, 50(7), 1416-1424.

③ Mohr, P., Li, S. C., & Heekeren, H. R. (2010). Neuroeconomics and Aging: Neuromodulation of Economic Decision Making in Old Age. *Neuroscience Biobehavior Review*, 34(5), 678-688.

基于年轻人行为数据开发的经济决策模式无法全面清晰地揭示出老年人群在日常社会生活中的经济决策特征。在社会互动因素凸显的情境下,分析健康老年人的经济决策行为,将有助于深入揭示老年人决策的潜在弱点、补偿机制以及优势特征。

博弈任务是社会决策研究的重要实验范式。博弈各方在一定规则约束下的相互作用充分体现了人际互动中的利益和冲突关系,生动地模拟再现了现实生活中的社会情境,博弈的最终结果为社会决策研究提供了丰富的行为数据。最后通牒博弈是最为经典的博弈范式之一,广泛用于分析社会情境中的决策行为。该博弈任务将不公平厌恶(Inequity Aversion)等人类社会性情感整合到传统经济学的决策模型中,清晰地展示了人们的行为除了受物质性奖励外,还具有独有的"非理性"特征。

在古斯等人最初开发的最后通牒博弈中,设定了两个具有潜在竞争关系的博弈角色:提议者和回应者。博弈双方互相完全匿名,两人在实验中对一笔资金进行一次性博弈。具体的过程是首先由提议者做出一个分配方案,即这笔钱如何分配,自己留下多少,分给对方多少。这时,回应者面对分配方案有两种选择,如果认可该种方案并选择接受,则这笔资金就按照对手给出的比例进行分配;如果选择不接受,则双方都得不到任何收益,主试将把资金收回。博弈双方在决策之前对此规则完全了解。[①] 可见,回应者在决策时将面临理性和感性的冲突。决策任务涉及的理性成分是获得最大收益,即通过接受提议而获得金钱(无论分配方案是否公平),而对于违反社会规范的不公平分配则会引起被试强烈的负性情绪,在这种不公平厌恶的驱使下,个体有可能做出非理性行为,对自私的提议者实施惩罚,拒绝接受不公平提议,即使这样会损失自身的利益。因此,对最后通牒博弈中老年回应者的决策行为进行分析,为我们深入理解认知和情感加工系统的老化对社会经济决策的影响提供了有效的途径。目前,利用最后通牒博弈对老年人决策行为的研究还处于起步阶段,

---

① Güth, W., Schmittberger, R., & Schwarze, B. (1982). An Experimental Analysis of Ultimatum Bargaining. *Journal of Economic Behavior and Organization*, 3(4), 367-388.

由于研究者的关注点以及具体操作方法的不同,研究结论也没有得到统一。

文化背景是影响个体经济决策行为的重要因素。研究者通过元分析研究发现中西方文化差异在最后通牒博弈中也有所体现。[①] 研究显示来自秘鲁的马奇根加部落(Machiguenga)的提议者在分配时表现得更为自利,只愿意分出26%的金额,但是作为回应者则很少拒绝提议。来自巴布亚新几内亚的奥(Au)部落,提议者给出的分配显得更加慷慨,他们会分出平均43%的金额给对方,但是该文化下回应者对于不公平提议的拒绝倾向却很高,只要少于27%就可能被拒绝。巴拉圭的阿契(Ache)族和印度尼西亚的拉美拉若(Lamelara)族则更加慷慨,平均给予应者的份额都超过了平均分配,达到了51%和58%。研究者认为,不同文化下的个体在实验中的行为与其所在社会的文化和经济结构存在重要联系。[②]

桑菲等人进行的一项研究中将提议者设置为两种情况,其中一种分配方案由真实的人类做出,另一种由计算机随机分配。结果发现个体更容易接受由计算机对手作出的不公平提议,研究者认为回应者面对人类对手的不公平提议时[③]感到更气愤,因此作出更多的拒绝决策[④]王芹,白学军利用相同的研究范式对中国文化下个体面对不同博弈对手时的决策行为进行了探查。结果发现被试面对不同的博弈对手时,决策的差异不显著。研究者认为中西方文化的差异可能是导致来自不同国家的个体出现不同决策行为的因素之一。有趣的是,在桑菲等人进行的一项研究中,发现老年人在面对计算机对手和人类

---

① Camerer, C. F. (2003). Behavioral game theory: Experiments in Strategic Interaction. *Princeton, NJ: Princeton University Press*, 317-330.

② Roth, A. E., Prasnikar, V., Okuno-Fujiwara, M., et al. (1991). Bargaining and Market Behavior in Jerusalem, Ljubljana, Pittsburgh, and Tokyo: An Experimental Study. *American Economic Review*, 81(5), 1068-1095.

③ 王芹,白学军. (2010). 最后通牒博弈中回应者的情绪唤醒和决策行为研究. 心理科学, 33(4), 844-847.

④ Sanfey, A. G., Rilling, J. K., Aronson, J. A., et al. (2003). The Neural Basis of Economic Decision Making in the Ultimatum Game. *Science*, 300(5626), 1755-1758.

对手时的经济决策行为不存在显著差异。① 那么在中国背景下的老年人是否呈现出与年轻人不同的决策模式？文化差异是否仍然存在？本研究中尝试对这个问题做进一步探索。

本研究采用经典博弈研究范式，对中国老年人的经济决策行为进行探讨，并且力图从一个新的视角探查社会文化因素对老年人经济决策行为的影响。根据前人研究，我们假设中国老年人和西方老年人可能显示不同的决策行为特征。

(二)研究方法

1. 被试

25 名健康老年人，年龄从 60 岁至 75 岁。在实验前根据被试的视力、身体健康状况、心理疾患等情况做出筛选，最终进入数据统计的被试为 23 人，其中包括 13 名女性和 10 名男性，平均年龄为 65.26±3.76。

2. 实验材料

被试作为最后通牒博弈中的回应者一方，共进行 20 轮分配，提议者包括人和计算机两类。其中 10 次提议由另一个人(5 男 5 女)做出，其余 10 次提议由计算机模拟提出。在 20 次分配提议中，10 次为公平分配(￥2.5：￥2.5)，10 次为不公平分配(4 次 ￥4.5：￥0.5，4 次 ￥4：￥1，2 次 ￥3.5：￥1.5)，分配顺序随机呈现，两类提议者的分配比例相同。

3. 实验仪器

实验采用 Superlab 系统呈现博弈任务，该系统可以同时记录被试的决策结果和反应时间，该系统的精度达到 1ms。利用戴尔 17 寸电脑显示屏呈现刺激，分辨率为 1024×768，刺激呈现的背景颜色为白色。

4. 实验程序

向被试介绍最后通牒博弈流程："你将要和 20 个与你们同龄的人进行游

---

① Harlé, K. M., & Sanfey, A. G. (2012). Social Economic Decision-making across the Lifespan：An fMRI Investigation. *Neuropsychologia*, 50(7), 1416-1424.

戏,是我们前一阶段实验请到的提议者。每次分配都是和在他们之中随机选出的另一个人完成。提议者将对一笔 10 元的资金做出一个分配提议,你作为回应者来考虑是否接受或者拒绝这个分配提议。如果你选择接受,则资金就这样分配,如果选择不接受,则我们会将这笔钱收回,你们任何一方都得不到钱。在 20 次分配中,每次的对手都是不同的。你每一次的决策结果都会被保密。在全部实验结束后,会根据你们在实验中得到的资金数额发放不同价值的纪念品。”每个被试在正式实验前都进行一个练习阶段,确保完全理解、掌握实验的要求和实施方法。

最后通牒博弈的实验程序由图 5-2 所示:

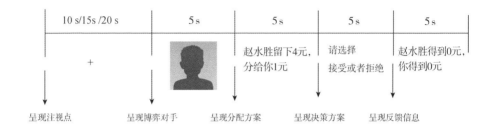

图 5-2 实验的流程图

被试实验完毕后,按照被试的全部决策结果以等价值礼品形式发放实验报酬。

5. 实验设计

本实验为 2(提议者:人、计算机)×4(分配方案:¥2.15:¥2.5、¥3.5:¥1.5、¥4:¥1、¥4.5:¥0.5)的被试内设计。

(三)结果与分析

1. 回应者面对不同分配方案时的接受率分析

老年人面对不同分配方案时的接受率如图 5-3 所示。

对被试的接受率进行重复测量方差分析,结果显示:(1)分配方案的主效

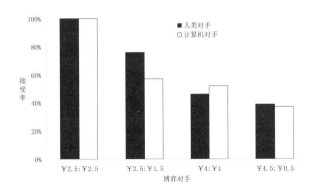

图 5-3　不同分配方案条件下的接受率

应显著,$F(3,66)=23.67$,$p<0.001$,$\eta^2=0.52$。事后检验发现,四种分配方案之间的接受率均存在显著差异,公平分配的接受率为 100%,而随着公平程度的下降,接受率逐渐下降,¥4.5:¥0.5 条件下的接受率最低。(2)博弈对手的主效应不显著。$F(1,66)=1.27$,$p>0.05$。(3)博弈对手和分配方案的交互作用显著,$F(3,66)=4.23$,$p<0.01$,$\eta^2=0.16$。

进一步简单效应分析结果显示:在公平分配提议(¥2.5:¥2.5)条件下,被试的接受率均为 100%。在第一种不公平分配提议(¥3.5:¥1.5)条件下,在博弈对手为另一个人时,接受率为 76.09%(¥3.5:¥1.5)、在以计算机为对手的博弈中,接受率分别为 56.52%。被试面对不同博弈对象时,接受率出现显著差异,$F(1,22)=5.75$,$p<0.05$,$\eta^2=0.21$。在第二种不公平分配提议(¥4:¥1)条件下,面对人类博弈对手时,接受率为 45.65%、面对计算机博弈对手时,接受率分别为 52.32%,被试面对不同博弈对象时,接受率差异不显著,$F(1,22)=1.87$,$p>0.05$。在第三种不公平分配提议(¥4.5:¥0.5)条件下,面对人类博弈对手时,接受率为 39.13%、面对计算机博弈对手时,接受率分别为 36.96%,被试面对不同博弈对象时,接受率不存在显著差异,$F(1,22)=0.11$,$p>0.05$。

2. 回应者面对不同分配方案时的决策反应时分析

对被试的决策反应时进行重复测量方差分析,统计结果显示:

(1)分配方案的主效应边缘显著,$F(3,66)=2.59$,$p=0.06$,$\eta^2=0.11$。进一步事后检验发现,公平分配方案下的平均反应时间显著短于不公平分配方案。在 3 种不公平分配方案之间,¥3.5∶¥1.5 条件下反应时最长,其次是最不公平的条件(¥4.5∶¥0.5),¥4∶¥1 条件下的反应时相对来说最短。(2)博弈对手的主效应不显著。$F(1,66)=0.83$,$p>0.05$。老年人面对不同博弈对手时的反应时间没有显著差异。(3)博弈对手和分配方案的交互作用不显著,$F(3,66)=0.03$,$p>0.05$。

(四)讨论

本研究中,老年回应者决策行为数据的结果与以往选用其他年龄段的个体得出的模式基本一致。被试接受了所有的公平分配,当面对不公平提议时,老年人同样表现出不理智的行为。当老年人认为提议者给出的分配方案不公平时,就会做出拒绝接受的决定。老年人的这种行为可以用社会偏好(social preferences)理论来解释。[①] 该理论假设在社会互动中,人们除了关心自己的收益外,还会关心他人的收益及其与自己收益之间的差距。当分配偏离了客观或主观的平均值时,人们就会感到不公平,继而引发负性情绪。不公平厌恶会使影响个体的决策行为,以纠正不公平的现状,使结果向更公平的方向发展,或者对不公平的自私行为做出惩罚,即便这样做会带来自己收益的损失。最后通牒博弈中博弈双方的决策行为可以为公平偏好提供很好的证据支持。

本研究关注的一个重要问题就是老年人面对不同提议对手时的决策差异。研究结果显示博弈对手和分配方案之间存在交互作用。具体表现在当分配方案为¥3.5∶¥1.5 时,老年人更容易接受博弈对手为人类时的提议,在其他分配方案下未发现显著差异。¥3.5∶¥1.5 的分配方案处于非常公平和非常不公平之间,对于回应者来说尺度更难把握,因此决策的难度和变数也更大,被试在实验过程中的反应时间(¥3.5∶¥1.5 条件下的反应时间最长)可

---

① Fehr, E. & Schmidt, K. M. (1999). A Theory of Fairness, Competition, and Cooperation. *The Quarterly Journal of Economics*, 114(3),817-868.

以从侧面对这个现象有所印证。本实验结果显示,老年人在这种情况下,表现出较为明显的人际关系取向,倾向于接受人类对手做出的不公平分配。老年人的这种行为模式符合社会情绪选择理论(Socioemotional Selectivity Theory, SST)的观点。[1] 该理论认为随着年龄的增长,个体知觉到的未来时间从无限变为有限,这种时间知觉的改变在个体社会目标的优先选择,在社会互动中将更加注重人际关系,竞争意识会有所下降。因此在最后通牒博弈中会表现为更愿意接受对方的不公平提议而促进人际间的友好关系。本研究的结论与桑菲等人[2]在西方文化下得出的结论不一致。在该项研究中发现老年人在面对计算机对手和人类对手时的经济决策行为不存在显著差异。我们认为文化因素在其中扮演着重要的角色。在中国,集体主义文化是构成社会心理的核心要素。传统文化中对于和谐人际关系的建立与维系的注重对老年人的决策行为产生重要影响。这可以从被试在实验后接受的访谈中得到一定程度的印证,一些被试报告在决策时会考虑自己的拒绝行为将使对手一无所获,人情因素使自己选择接受,而自己不应该对所得过多的计较;博弈对手的差别对自己的行为存在影响。决策时会考虑到对手是物而不是人,这种情况下会更多地依据自己对分配方案的内在感受做出决策。

(五)结论

在本实验条件下可得出如下结论:(1)在最后通牒博弈中,老年人的社会经济决策行为表现出不公平厌恶的社会偏好,会牺牲自己的利益去追求公平。(2)中国社会文化背景下的老年人在做决策时倾向于将人际关系因素考虑在内。

---

① Carstensen, L. L., Isaacowitz, D. M., & Charles, S. T. (1999). Taking time seriously: A Theory of Socioemotional Selectivity. *American Psychologist*, 54(3), 165–181.

② Harlé, K. M, & Sanfey, A. G. (2012). Social Economic Decision-making across the Lifespan: An fMRI Investigation. *Neuropsychologia*, 50(7), 1416–1424.

第六章　道德愤怒与公平偏好行为

第一节　道德愤怒与不公平感

一、愤怒与道德愤怒

愤怒是一种将他人作为意识导向的负性情绪,普遍存在于我们的生活中。当个体感知到自身被他人侮辱、伤害或经历挫折和失败时,就会产生愤怒情绪。在认知因素上,愤怒情绪源自他人是个体的身体或利益造成了直接的威胁或伤害;在情绪体验和行为方式上,愤怒是一种消极的情绪体验,但是在动机维度上表现为高趋近,愤怒往往会引发个体战斗性的攻击行为或倾向。愤怒情绪是个体基于自己需求对外界威胁刺激的回应,往往伴有强烈的生理自我唤醒、带来大量能量消耗。因此愤怒情绪被认为是一种不良情绪,造成反社会行为的隐患。在心理健康领域,有大量研究关注个体如何疏导、管理自己的愤怒情绪,增强心理适应性。

道德愤怒是一种特殊事件唤起的愤怒情绪,特指个体因他人违反社会道德标准而产生的愤怒。① 道德愤怒源自对他人的观察和评价。积极的他人评价带来积极道德情绪体验,如敬佩和感激;而对他人行为的消极评价则会使人产生愤怒和厌恶等情绪。海德特曾经指出,不同的道德情绪针对的道德规范不同,而道德愤怒则是与违背公平或正义的道德准则有关。甚至,当个体自身的利益没有受到直接损害,只是作为第三方见到他人遭受不公平对待或者看到公共财物被损坏时,个体也会感到愤怒。

根据评价倾向框架理论②认为,每一种具体的情绪都有特定的由不同认知评价维度构成的核心评价主题(appraisal theme)。核心评价主题在区分不同情绪上起到主导作用。勒纳等人提出情绪的认知评价包括:确定性、责任性、控制性等六个维度。就愤怒情绪而言,责任性和控制性这两个评价维度属于主导维度,两者结合形成愤怒情绪的核心评价主题,就某人或物需要对事件的结果承担责任,对当事人而言,事件的发生及结果是可控的,不是不可控因素造成的,即个体倾向于认为他人需要对事件的发生和结果承担责任,事件是可控的。因此体验到道德愤怒的个体可能会认为是他人自身的原因导致了违反公平准则的负性事件发生,需要对事件的结果负有责任。

二、愤怒情绪与公平准则维护

研究者根据违反公平的道德规范事件类型,将愤怒划分为道德愤怒(moral outrage)、移情愤怒(empathic anger)和个人愤怒(personal anger),不同类型的愤怒情绪对个体的判断、决策以及行为倾向发挥不同的作用。③

道德愤怒是指个体觉知公平或正义准则被违反时引发的愤怒,是一种典

① Haidt, J. (2003). The moral emotions. In R. J. Davidson, K. R. Scherer & H. H. Goldsmith (Eds.), *Handbook of Affective Sciences* (pp. 852–870). Oxford, England: Oxford University Press.

② Lerner, J. S., & Keltner, D. (2001). Fear, anger, and risk. *Journal of Personality and Social Psychology*, 81, 146–159.

③ Batson, C. D., Kennedy, C. L. Lesley-Anne Nord, Stocks, E. L., & Zerger, T. (2007). Anger at unfairness: is it moral outrage? *European Journal of Social Psychology*, 37 (6), 1272–1285.

型的道德情绪,具有亲社会的道德动机。道德愤怒的诱发刺激往往是自身内化的道德行为准则受到威胁,因此在主观体验上感到愤怒,并产生补偿受害者或惩罚侵犯者从而维护道德准则、恢复公平和正义的道德动机。[①] 道德愤怒下的个体会更加关注事件的公平和正义,强调侵害者对行为结果的责任,谴责违反公平和正义准则的行为。引发道德愤怒的事件可能不会造成个体直接的利益损失,而是个体作为旁观者见证了一个有失公平、公正的行为。为了公正和正义的重建,个体会对事件侵害者进行惩罚,甚至愿意损失自己的利益去达到这个目的,这就称为第三方惩罚。研究表明,在人际互动中,第三方惩罚的实施可以有效抑制不道德情绪,促进合作和公平等亲社会行为,维护道德规范和社会文明秩序。

移情愤怒是指个体觉知到自己关心的他人受到不公平对待时体验到的愤怒,会促使个体保护或补偿他人的利益,对违规者做出惩罚行为。移情愤怒在情绪动机上与道德愤怒不同。移情愤怒会激发个体的道德行为,如对亲社会补偿行为,但是个体行为的目的不是修护公平,而更倾向于保护所关心他人的利益,对伤害他们的人做出报复性惩罚行为。移情愤怒与个体对受害者群体或者侵害者群体的社会认同有关。[②] 当个体对受害者群体的认同水平越高,归属感越强烈,越会体验到更多的愤怒;当个体对侵害者群体的认同水平越低,则越会认为侵害者这样行为是违反公平原则的,从而引发更多的愤怒情绪。

个人愤怒是最常见的一种愤怒情绪,与我们自身直接关联,是指当自己的利益被损害后体验到的愤怒,会促使个体对违规者做出惩罚行为。研究者指出,个人愤怒不同于道德愤怒,是个体是由于感知到他人破坏了公平原则、伤

---

① Carlsmith, K. M., Darley, J. M., & Robinson, P. H. (2002). Why do we punish? Deterrence and just deserts as motives for punishment. *Journal of Personality and Social Psychology*, 83, 284–299.

② Gordijn, E. H., Wigboldus, D., & Yzerbyt, V.. (2001). Emotional consequences of categorizing victims of negative outgroup behavior as ingroup or outgroup. *Group Processes & Intergroup Relations*, 4(4), 317–326.

害到自身利益而体验到的愤怒。个体行为的目的更倾向于保护自己利益不受损失,对做出不公平行为的当事人进行报复,而不是维护公平原则,因此个体更多的是受到自利动机驱动,在这一点上有别于道德愤怒。个人愤怒还有一种特殊的情况,称为反事实个人愤怒(counterfactual personal anger),即当个体看到他人的利益受到损害时,会想到自己也可能受到伤害而体验到的愤怒。

除了在情绪动机上存在差异,三种类型的愤怒在个体的主观感受上很难区分,个体都会报告自己体验到生气的情绪,在行为倾向上有时也无法进行清晰的界定,因为三种情绪均会引发个体对侵害者做出惩罚性行为。有研究者指出,不同的愤怒情绪可以从行为目的来划分,道德愤怒是捍卫公平规范,移情愤怒是维护所关心的他人福祉(利他目的),个人愤怒的行为目的是保卫自己的权益(自利目的)。[1]

三、道德愤怒下的第三方惩罚

在公平和公平准则研究的历史上,最初的观点来自传统经济学,认为个体在做社会决策时是完全理性的,行为是结果导向,以实现自身利益的最大化为最终目标。但是大量研究表明,人们的行为决策存在追求公平与公正的偏好(fairness preference)[2],公平偏好对于维系社会秩序、推动公平规范实施,限制自利动机等具有积极作用。

感受到公平道德行为规范被威胁的个体,无论自己在该事件中是否直接遭受损失,都会不惜牺牲自身利益去惩罚违规者的不公平行为,伸张正义,维护道德规范[3],这被称为利他惩罚。这种惩罚方式的前提是个体不仅得不到经济上的回报,反而需要以牺牲自己利益作为代价,对于个体与违规者二者来

① Forgas, J. P., &Smith, C. A. (2003). Affect and emotion. In M. A. Hogg&J. Cooper (Eds.), *The SAGE Handbook of Social Psychology* (pp. 161-189). Thousand Oaks, CA: SAGE Publications.

② Shaw, A., & Olson, K. R. (2012). Children discard a resource to avoid inequity. *Journal of Experimental Psychology: General*, 141(2), 382-395.

③ Fehr, E., Fischbacher, U., & Gächter, S. (2002). Strong reciprocity, human cooperation, and the enforcement of social norms. *Human Nature*, 13(1), 1-25.

说,是一种负性的互惠行为。根据在事件中个体的利益是否直接受到损失,利他惩罚可以分为两种形式:第二方惩罚和第三方惩罚。

第二方惩罚是指个体作为不公平事件的受害方,当自身利益由于受到违规者不公平对待而蒙受损失时,所做出的惩罚行为。这种惩罚行为虽然也属于一种维护公平准则,但是在实施过程中难免涉及个人利益。有研究者指出个体做出利他惩罚行为是为了获取更长远的利益,使自己可以在以后得到公平对待,或者是出自名誉考虑,希望给他人留下公正的印象。当然,这两种情况需要特定的情境才能被证明,例如与侵害者有反复互动的可能性[1]。因此第二方惩罚与个人愤怒有关,而不是道德愤怒,因为惩罚行为的目的与维护自身的利益有关。

个体作为与当前社会互动没有直接联系的第三方,为了维护公平准则而愿意牺牲自己利益去惩罚违规者,称为第三方惩罚[2]。这种惩罚行为更有力地支持了人们的公平偏好,更能说明公平维护行为的利他性,个体做出惩罚行为的目的不是为了报复伤害自己的人,而是维护社会公平准则。有研究者指出,第三方惩罚是社会进化的结果,并非天生存在。[3] 随着个体年龄增长以及认知水平提高,公平规范逐渐内化为行为准则,通过对他人的行为作出公平性判断和评估,进而实施第三方惩罚行为,惩罚的强度往往与违规者的行为造成伤害的严重程度有关。个体做出第三方惩罚行为,一方面认为违规者应该通过损失利益的方式为自己的行为承担责任,付出代价,另一方可以有效地对违

① Trivers, R. L. (1971). The evolution of reciprocal altruism. *The Quarterly Review of Biology*, 46(1), 35-57.

② Fehr, E., & Fischbacher, U. (2003). The nature of human altruism. *Nature*, 425(6960), 785-791

③ Baumard, N., André, J.-B., & Sperber, D. (2013). A mutualistic approach to morality:The evolution of fairness by partner choice. *Behavioral and Brain Sciences*, 36(1), 59-78.

规者进行震慑,从而限制或规范其未来可能再次出现的自利行为①,同时也能有效地对其他有不公正企图的个体进行威慑。从第二方惩罚和第三方惩罚的行为动机角度看,第三方惩罚更加清晰地展示了人类维护公平准则的行为偏好,更加有力地推动社会公平秩序的建立和维系。

第二节 最后通牒博弈中的公平偏好

一、最后通牒博弈概述

博弈理论源于应用数学领域,各个决策主体存在相互作用的关系,各自通过对环境和自身条件的评估,作出使自己利益得到最大化的决策。由于博弈过程和结果与各方的合作与竞争紧密相关,因此博弈范式被广泛应用于公平准则和道德行为规范的研究。最后通牒博弈任务(Ultimatum Game,UG)及其变式作为一种非零和博弈,局中人的决策结果能够非常清晰地展现个体对公平分配原则的维护。

该博弈范式由德国经济学家古斯等人开发设计,最初目的是利用实验室设计,模拟真实生活情境中的决策双方对有限资源的分配。根据经济人假说,双方的决策策略应该遵循利益最大化原则,但是实验结果却发现,传统的博弈论无法解释决策者的真实行为方式,研究者将此称为"最后通牒博弈悖论"。经典的最后通牒博弈范式中设定了两个决策角色,两人作为一组完成分配任务,其中一个人作为提议者(proposer),另一个人作为回应者(responder)。为了防止决策受到人际关系等因素影响,两人在完全匿名、不允许互相交流的条件下对一笔额外的资金(pie)进行分配。提议者可以自由决定如何在二人之

① Carlsmith, K. M., Darley, J. M., & Robinson, P. H. (2002). Why do we punish? Deterrence and just deserts as motives for punishment. *Journal of Personality and Social Psychology*, 83(2), 284.

间分配这笔资金,回应者有两种选择,首先提出这种分配方案,回应者可以有两种选择,如果选择接受,则实验者就根据分配方案将钱分给两个人,如果选择决拒绝接受,则实验者就会把资金全部收回,双方都不会得到任何收益。最初最后通牒博弈是一次性博弈,二人之间只完成一次分配,在博弈之前,实验者将规则向双方讲明,确保他们完全了解。按照传统博弈论的假设,回应者在获得全部信息的情况下,将按照利益最大化原则,愿意接受提议者做出的任何比例的分配方案,不管分给自己多少钱,只要不为零,自己都将从中获益,有总比没有好。那么提议者同样根据这个原则,会分给回应者一个不为零的最少金额。但实验最终的真实结果是,如果提议者给回应者分配的金额不到总钱数的20%,他将有40%~60%的可能性被拒绝。研究者认为,回应者是受到不公平分配带来的负性情绪影响,宁可牺牲自己的利益,也要对违反公平原则的提议者施加惩罚。

二、最后通牒博弈中的情绪因素

迄今为止,已有多项研究重复了最后通牒博弈实验,并对其中关键变量的影响进行了深入探查。一项元分析研究结果显示,在不同研究中,提议者做出的分配比例一般在50%左右,平均为40%,而如果给出少于40%的分配,往往会被回应者拒绝。即使是在分配总额非常大时,结果也是同样的模式。例如,卡梅伦在印度尼西亚进行的博弈实验中,分配总金额相当于该地区平均一个月的工资。结果仍然是经济人假说无法解释的,人们的决策不是追求利益最大化,他们在面对分配方案时,行为不完全受理智指引。

研究证明回应者内化的公平感是导致其作出拒绝决策的重要因素,提议者如果作出不公平的分配,其行为被认为违反了社会公平准则,因此唤醒了回应者的负性情感,尤其是生气。已有研究从不同层面对回应者面对有失公平提议时的情绪状态进行了探究,包括主观情绪体验、自主神经唤醒和中枢神经系统的激活情况。

研究者利用情绪自评量表,对回应者的主观情绪体验进行了测量,结果证实了不公平提议使回应者体验到更强烈的生气、悲伤和耻辱等负性情绪。负性情绪体验的强度对个体的拒绝率有显著的预测作用,不公平提议唤醒的负性情感越强烈,个体会越觉得难以接受,从而拒绝接受分配方案,对提议者做出惩罚行为。

亚利桑那大学的桑菲教授利用 fMRI 技术,从中枢神经层面考查了最后通牒博弈中回应者情绪唤醒与其经济决策行为之间的关系。脑功能成像结果显示,不公平分配激活了负性情绪有关的前脑岛等区域,回应者在决策前的脑神经活动对其决策行为有预示作用。与被接受的不公平提议相比,被拒绝的不公平提议下,个体的负性情绪脑区激活程度更大。

布朗大学的沃特等人为了进一步从自主神经唤醒角度揭示回应者情绪发生时的生理唤醒程度对行为决策的影响。[①] 结果发现最后通牒博弈中回应者面对不公平提议时,皮肤电反应显著增强。皮肤电活动被认为直接反映交感神经系统活动的唤醒水平。回应者在决策前的生理唤醒程度对拒绝决策有显著的预测作用,皮电反应越强烈的个体越有可能作出拒绝决策。

王芹和白学军在沃特等人的研究基础上,运用心理生理实验法,进一步从被试个体层面,探讨了自主神经唤醒对最后通牒博弈中回应者决策行为的影响。结果发现面对同样的不公平提议,拒绝决策的皮肤电变化显著高于接受决策前的活动变化,通过考察个体在决策前的生理唤醒程度,可以有效预测其决策方向。

随着研究的推进,研究者在最初的最后通牒博弈范式之上,开发出了很多变式。最后通牒博弈还被用来检验"互惠互损"行为准则。布朗特在最后通牒博弈中,将提议者的意图作为一个研究变量加入实验。[②] 在提议者有明确意图的条件下,回应者被告知提议者可以自由决定分配的金额,而提议者没有明确意图的条件下,回应者被告知,提议是随机生成的,并不是由提议者自主决定。研究结果验证了现实生活中的人们在互动中的"互惠互损"原则,当回

① van't Wout, M., & Kahn, R. S., Sanfey, A. G., & Aleman, A. (2006). Affective state and decision-making in the ultimatum game. *Experimental Brain Research*, 169, 564-568.

② Blount, S. (1995). When social outcomes aren't fair: The effect of causal attributions on preferences. *Organizational Behavior and Human Decision Processes*, 63(2), 131-144.

应者获知提议是随机生成时，并非提议者有意为之的时候，更愿意接受不公平分配提议。

三、社会化发展对公平偏好行为的影响

道德规范的内化是个体在社会化过程中，通过不断学习和调整的过程逐步发展起来的。儿童公平意识和公平行为的发展一直以来受到社会各界广泛关注。有研究者将最后通牒博弈范式应用于儿童群体。但是不同研究得出的实验结果却不尽相同，年龄对儿童经济决策行为的影响没有得出统一结论，这与已有研究中已经得到充分证明的儿童的分享与捐赠行为随年龄的增长而增加[①]的说法不符。

哈傅（Harbaugh）等人[②]考察了议价能力的发展对博弈行为的影响。实验选取了 7~18 岁的青少年作为被试，以独裁者和最后通牒博弈为研究范式，探查了不同年龄段个体在博弈中的行为发展模式。结果发现年龄越小的儿童，作为提议者给出的金额越低，而作为回应者又能够接受较低的提议。儿童议价能力与公平偏好观念存在正相关。年幼儿童的行为同样具有策略性，表现为在独裁者博弈中给出的分配金额要比在最后通牒博弈中的更少。性别和外貌特征（身高）与决策行为有关，而且对于儿童决策倾向来说，身高的影响比性别更大。该研究发现，受文化因素影响的议价能力和身体特征与个体公平行为模式之间存在联系，二者在个体的经济决策行为中均发挥重要的影响作用。

莫尼根和萨克松[③]的研究选取了幼儿园、小学三年级和六年级的学生作为被试，运用最后通牒博弈考察儿童经济决策行为的发展。研究结果与上述

---

① Eisenberg, N., & Fabes, R. A. (1998). Prosocial development. In: W. Damon (Eds.), *Handbook of child psychology* (5th ed., Vol. 3, pp. 701–778). New York, NY: Wiley & Sons.

② Harbaugh, W., Krause, K., & Liday, S. (2002). *Bargaining in children*. Working paper, Department of Economics, University of Oregon.

③ Murnighan, J. K., & Saxon, M. S. (1998). Ultimatum bargaining by children and adults. *Journal of Economic Psychology*, 19(4), 415–445.

哈傅等人的研究有所差异。在低龄儿童中,分配的资源没有使用现金,而是更受儿童欢迎的糖果。结果发现最小的孩子表现得最慷慨,幼儿园的儿童比三年级的小学生分配出更多的糖果给回应者。当分配的资源改为现金时,研究者发现,与六年级相比,三年级的学生表现得更加自利。作为最后通牒博弈中的回应者一方,年幼的儿童愿意接受较少的分配。幼儿园的孩子有70%的可能性接受最小分配额,而三年级和六年级的学生则只有40%的可能性接受对方给出的不公平提议。

萨利和赫尔①关注了特殊儿童与正常儿童在经济决策任务中的行为发展模式差异。采用了囚徒实验、独裁者博弈和最后通牒博弈对不同年龄段孤独症患儿以及正常儿童的决策行为进行了探查。结果发现在正常群体中,年幼的儿童在独裁者博弈中,给出的分配金额更低,而在最后通牒博弈中更愿意接受较低的分配。患有孤独症的儿童与正常儿童相比,似乎更加理性,作为回应者更可能接受很低的分配。但是他们在囚徒实验及其不同变式中,却不能根据故事情境有效地调整决策的策略。

霍夫曼和狄②探讨了最后通牒博弈中,提议者和回应者的年龄匹配情况对个体决策行为的影响,研究中将博弈双方设置为同龄人或者成人和儿童的组合,考察成人与儿童的相互作用对其决策行为的影响。结果发现在面对与自己同龄的回应者时,儿童与成人的提议数额没有显著差异。而当儿童面对成人对手时,给出分配的数额更高,而且作为回应者不太可能拒绝成人给出的不公平分配。研究者提出,儿童面对不同对手时的决策差异,与其所处的社会化和道德发展特定阶段有关联。

中国研究者朱莉琪等人③研究探查了中国文化背景下,个体在最后通牒

① Sally, D., & Hill, E. (2006). The development of interpersonal strategy: Autism, theory of mind, cooperation and fairness. *Journal of Economic Psychology*, 27(1), 73-97.

② Hoffmann, R., & Tee, J. Y. (2005). Adolescent-adult interactions and culture in the ultimatum game. *Journal of Economic Psychology*, 27(1), 98-116.

③ 朱莉琪, 皇甫刚, Keller, M., 牟毅, 陈单枝. (2008). 从博弈游戏看儿童经济决策行为的发展. 心理学报, 40(4), 402-408.

博弈和独裁者博弈中行为模式的发展。被试分为四个年龄组：小学三年级、六年级、初中二年级和大学一年级。此外，研究同时比较了博弈情境下，个体决策和群体决策的差异。结果发现：四个年龄组的被试都在博弈中关注了公平性原则，决策模式更多地依赖于个体的公平观念。在两个博弈中，被试的决策行为呈现出年龄差异，但不同性别被试的决策不存在显著差异。随着年龄的增长，个体在最后通牒博弈和独裁者博弈中的提议金额逐渐减少，决策体现出了文化差异。在两项博弈中，个体决策和群体决策的差异不显著。

王芹等人[①]以 8~11 岁小学生为被试，采用最后通牒博弈范式，探讨提议者的不同外貌吸引力对不同性别儿童经济决策行为的影响。结果发现：儿童回应者更容易接受外貌高吸引条件下的不公平提议。回应者的外貌对女孩的决策有显著影响，在面对不同外形的女性提议者时的决策存在显著差异，外貌漂亮的女生作出的不公平分配更容易被接受，可能与儿童期同伴关系与合作意图的发展阶段有关。回应者的外貌对男孩的决策不存在显著影响。研究表明儿童在社会互动情境中的经济决策行为存在"以貌取人"的现象，而且女孩更容易受到对方外貌的影响。

---

① 王芹，白学军，袁心颖，尹吉端.（2018）. 经济博弈中不同性别儿童的"以貌取人"对决策行为的影响. 内蒙古师范大学学报（自然科学汉文版），47（6），522-526.

第三节 实证研究

一、最后通牒博弈中回应者的情绪唤醒和决策行为研究

(一)前言

最后通牒博弈由古斯等人设计,目的是利用实验对社会情境中的决策行为进行研究。该实验设定博弈双方分别作为提议者(proposer)和回应者(responder),在完全匿名条件下对一笔资金(pie)进行分配,提议者提出一种分配资金的方案,回应者有两种选择,如果接受这种方案,则资金即这样分配;如果不接受,则双方收益均为零。[①] 这种博弈是一次性博弈,博弈双方对规则都完全了解。按照经典"理性人"假设,回应者愿意接受任何比例的分配方案,因为即便少也比没有好。这样的话,实验的预期结果应该是提议者给出任意一个非常小的正的单位收益,回应者将接受这一提议。但实验的通常结果是分配比例一般在50%,平均为40%,少于40%的往往被拒绝[②],可见无论是提议者还是回应者的行为都明显有悖于传统决策模型。

博弈被认为是社会互动情境的缩影,人们的社会决策行为往往受很多因素影响,因为决策的最终结果不仅取决于个体自身的行为,还依赖于与其他决策者的互动,比如一次商务谈判或者一次约会。在众多影响因素中决策个体的性别在社会决策行为中扮演的角色一直以来都受到广泛关注。研究者利用

① Güth, W., Schmittberger, R., & Schwarze, B. (1982). An experimental analysis of ultimatum bargaining. *Journal of Economic Behavior and Organization*, 3(4), 367-388.

② Henrich, J., Boyd, R., Bowles, S., Camerer, C., Gintis, H., McElreath, R., et al. (2001). In search of homo economicus: Experiments in 15 small-scale societies. *American Economic Review*, 91(2), 73-79.

多种实验情境考察不同性别个体在社会决策上的差异。① 但是已有研究关于性别对决策影响没有取得一致结果。②③ 近期研究显示性别配对也是影响人们决策行为的重要因素之一④,人们在经济博弈中面对不同性别的对手时往往会表现出不同的行为模式,然而很多实验却没有对这个因素进行控制。

随着决策研究的深入,情绪被看作和认知因素一样在决策情境中扮演重要的角色。⑤⑥ 在最后通牒博弈研究中发现不公平提议引发了回应者强烈的负性情感——生气,导致拒绝率的升高。⑦ 其他一些研究者还发现当回应者面对不公平提议时,不仅觉得生气,还体验到悲伤和耻辱。⑧

桑菲等人采用fMRI技术记录了最后通牒博弈中回应者大脑的活动,结果显示决策前的脑神经活动与回应者的决策行为有关。不公平分配在某些被试中引起强烈的不愉快情绪,表现为前脑岛(anterior insula)激活程度更强,实验

① Eckel, C., & Grossman, P. (2005). Differences in the economic decisions of men and women: Experimental evidence. In: Plott, C., & Smith, V. (eds.) *Handbook of results in experimental economics*. New York: North Holland.

② Solnick, S. J. (2001). Gender differences in the ultimatum game. *Economic Inquiry*, 2001, 39(2), 189-200.

③ Eckel, C., & Grossman, P. J. (2001). Chivalry and solidarity in ultimatum games. *Economic Inquiry*. 39(2), 171-188.

④ Sutter, M., Bosman, R., Kocher, M., van Winden, F. (2009). Gender pairing and bargaining - beware the same sex! *Experimental Economics*, 12(3), 318-331.

⑤ Bechara, A., & Damasio, A. R. (2005). The somatic marker hypothesis: A neural theory of economic decision. *Games and Economic Behavior*, 52(2), 336-372.

⑥ Damasio, A. R. (1994). *Descartes' error: Emotion, reason and the human brain*. New York: Putnam.

⑦ Bosman, R., Sonnemans, J., & Zeelenberg, M. (2001). Emotions, rejections, and cooling off in the ultimatum game. working paper, University of Amsterdam.

⑧ Pillutla, M. M., & Murnighan, J. K. (1996). Unfairness, anger and spite: Emotional rejections of ultimatum offers. *Organizational Behavior and Human Decision Processes*, 68 (3), 208-224.

结果表明这些被试更容易拒绝不公平的分配方案。①

　　由于前脑岛与其他脑功能也有关联,研究者为了进一步证明情绪状态与决策的关系,通过生理学测量方法探讨自主神经活动对最后通牒博弈中回应者决策行为的影响。由交感神经系统支配的皮肤电反应被看作是情绪唤醒的定量指标。结果显示博弈中回应者面对不公平提议时,皮肤电活动变化显著增强。在被试水平上发现,面对不公平提议时,皮肤电活动变化越大的被试越有可能做出拒绝行为。②

　　上述研究显示在最后通牒博弈中由不同分配方案引发的负性情绪在一定程度上可对回应者的决策行为起到预测作用。本研究在前人的基础上,从自主神经唤醒角度,进一步考察情绪的生理唤醒与行为唤醒之间的关系。对情绪的生理唤醒水平作为行为决策的预测指标的有效性进行探讨。

　　本研究采用经济博弈研究范式,探讨自主神经唤醒水平与回应者行为反应的关系,并对性别以及性别配对因素对回应者决策行为的影响做进一步探索。本研究假设为:(1)回应者的行为反应依赖于自身和提议者的性别差异。同性别配对和异性别配对会造成回应者不同的行为模式。(2)面对不公平提议,皮肤电活动变化对回应者的决策行为有着预示作用,拒绝行为之前的皮肤电活动变化高于接受行为前的活动变化。

(二) 实验方法

1.被试

24 名大学生,其中女生 12 名,男生 12 名,由于被试自身原因和实验技术方面的问题,5 名被试的数据未进入统计。最终入选被试包括 11 名女生和 8 名男生,平均年龄是 20.84±1.57。所有被试均自愿参加本研究。入选被试视

① Sanfey, A. G., Rilling, J. K., Aronson, J. A., Nystrom, L. E., & Cohen, J. D. (2003). The neural basis of economic decision-making in the ultimatum game. *Science*, 300 (5626), 1755-1758.

② van't Wout M., Kahn R. S., Sanfey A. G., Aleman A. (2006). Affective state and decision-making in the ultimatum game. *Experimental Brain Research*, 169(4), 564-568

力或矫正视力正常,无色盲,均为右利手。实验之前将有心理疾患、药物滥用和皮肤过敏史的被试剔除。

2. 实验材料

采用最后通牒博弈任务,被试作为回应者一方,共有 20 轮试验,10 轮和另一个人(5 男 5 女)完成,另外 10 轮和计算机完成,每一轮试验和不同的博弈对手分配金额为 5 元钱的一笔资金,在 20 次提议中,10 次为公平的分配(￥2.5∶￥2.5),10 次为不公平提议(4 次 ￥4.5∶￥0.5,4 次 ￥4∶￥1,2 次 ￥3.5∶￥1.5)。计算机对手和人类对手的分配比例是相同的,20 次分配顺序随机呈现。

3. 实验仪器

实验采用 Superlab 系统呈现刺激并记录被试的反应,该系统刺激呈现与计时精度均为 1ms。刺激通过戴尔 17 寸显示器呈现,被试距屏幕 60cm 处。显示器的分辨率为 1024×768,屏幕的背景为白色。

使用 BIOPAC MP150 型 16 导生理记录仪系统的信号探测器、转换器和放大器等系统,记录被试在实验阶段的皮肤电活动,采样率为 200Hz。

4. 实验程序

第一步:被试进入实验室,给被试连接上记录皮电生理反应的传感器,要求被试保持平静和放松。并持续采集电生理指标 5min,以此作为基线值。

第二步:向被试详细说明实验操作方法。指导语:"每轮试验中你将和随机选出的另一个人共同完成这个实验,你们将就一笔资金(五元)进行分配,对方首先提议分配方案,你来决定是否接受或拒绝他/她的提议,如果你接受,则资金即这样分配,如果不接受,则双方收益均为零。一共要进行 20 轮试验,每次你将和不同的对象配对完成游戏,其中会有 10 次的提议方案是由电脑随机产生的。你每一次的决策结果均会被保密。实验结束后,会根据你们在实验中得到的资金数额分配不同价值的奖品。"

具体实验程序由图 6-1 所列:

第三步,正式实验之前,每个被试都接受类似实验任务的练习,使其熟悉

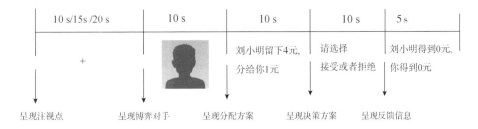

10 s/15s /20 s	10 s	10 s	10 s	5 s
+		刘小明留下4元，分给你1元	请选择接受或者拒绝	刘小明得到0元，你得到0元
呈现注视点	呈现博弈对手	呈现分配方案	呈现决策方案	呈现反馈信息

图 6-1 实验的流程图

实验程序,确保其完全掌握实验要求。

第四步,开始正式实验,开始采集心理生理指标,实验结束采集完成。

5. 实验设计

本实验为 2(性别:男、女)×2(提议者:人、计算机)×4(分配方案:¥2.5:¥2.5、¥3.5:¥1.5、¥4:¥1、¥4.5:¥0.5)的混合设计,其中性别为被试间因素,提议者和分配方案为被试内因素。

6. 数据采集与分析

实验前,用75%医用酒精擦拭安电极处。将 Ag/AgC1 电极分别缠在被试左手食指和中指的末端指腹上,电极连接在生理电导仪的 GSR100C 模块上记录皮电,采样率为 200Hz。对分配方案呈现后 1-5s 内的皮肤电活动变化进行分析,考虑到个体差异太大,取皮肤电活动变化的对数转换值进行统计。所采集的生理数据在 Acqknowledge 4.0 软件进行编辑处理。

(三) 结果与分析

1. 不同分配方案的接受情况

不同分配方案的接受率如图 6-2 所示。

在公平分配提议(¥2.5:¥2.5)条件下,被试的接受率接近 100%。

在第一种不公平分配提议(¥3.5:¥1.5)条件下,在以人为对手的博弈中,接受率为 58.82%(¥3.5:¥1.5)、在以计算机为对手的博弈中,接受率分别为 70.59%,经 x^2 检验,被试面对不同博弈对象时,接受率没有出现显著差

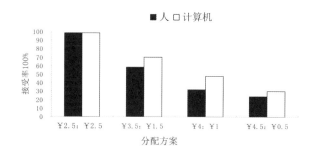

图 6-2　不同分配方案条件下的接受率

异, $x^2 = 0.515$ (¥3.5∶¥1.5) , $p > 0.05$。

　　在第二种不公平分配提议(¥4∶¥1)条件下,在以人为对手的博弈中,接受率为 32.00%、在以计算机为对手的博弈中,接受率分别为 48.28%,经 x^2 检验,接受率没有出现显著差异, $x^2 = 1.473$ (¥4∶¥1) , $p > 0.05$。

　　在第三种不公平分配提议(¥4.5∶¥0.5)条件下,在以人为对手的博弈中,接受率为 24.24%、在以计算机为对手的博弈中,接受率分别为 30.30%,经 x^2 检验,接受率没有出现显著差异, $x^2 = 0.306$ (¥4.5∶¥0.5) , $p > 0.05$。

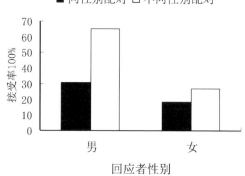

图 6-3　不同性别配对情况下的接受率的

　　在对性别和性别配对因素对接受率影响的考察中,经重复测量方差分析显示,性别的主效应不显著。进一步考虑性别配对的影响,结果如图 3 显示。女性回应者在面对不同性别提议者的不公平分配时,接受率差异不显著, $x^2 =$

$0.38, p>0.05$。而男性回应者更愿意接受女性提议者的不公平分配,经 x^2 检验,接受率存在边缘显著差异, $x^2 = 3.696, p = 0.055$。

2. 不同分配方案下皮肤电活动变化

不同分配方案条件下皮肤电变化结果如表 6-1 所列。

表 6-1　不同分配方案下的皮肤电活动(μs)

		n	¥2.5:¥2.5	¥3.5:¥1.5	¥4:¥1	¥4.5:¥0.5
人	男	8	0.065(0.026)	0.059(0.048)	0.09(0.056)	0.109(0.072)
	女	11	0.055(0.038)	0.093(0.101)	0.087(0.082)	0.15(0.092)
计算机	男	8	0.066(0.048)	0.075(0.065)	0.11(0.093)	0.134(0.09)
	女	11	0.063(0.047)	0.087(0.102)	0.108(0.104)	0.138(0.096)

(1)对皮电活动变化进行 2(性别)×2(提议者)×4(分配方案)的方差分析,以性别作为被试间因素,提议者和分配方案作为被试内因素。结果显示,分配方案的主效应显著, $F(3,51) = 8.963, p<0.01$。表明不同分配方案下的皮肤电活动变化差异显著。进一步分析发现,最不公平分配方案(¥4.5: ¥0.5)下的皮肤电活动变化显著高于公平分配(¥2.5: ¥2.5)。

(2)将四种分配方案整合为公平(平均分配,即双方获益一致)与不公平(非平均分配,即双方获益不一致)两种情况,以性别(男和女)作为被试间因素,提议者(人和计算机)和分配方案(公平和不公平)作为被试内因素,经重复测量方差分析显示,无论博弈对象是人或者是计算机,不公平分配方案引起的皮肤电变化都显著高于公平方案引起的变化, $F(1,17) = 4.635, p<0.001$; $F(1,17) = 14.589, p<0.001$。而面对不公平分配方案时,由博弈对手不同引起的皮肤电活动变化不显著, $F(1,37) = 0.185, p>0.05$。

3. 皮肤电活动变化与决策行为的关系

从试验水平上将被试面对不公平提议时的决策行为划分为接受和拒绝两种情况,对决策前的皮肤电活动变化进行方差分析,结果如图 6-4 所示。在面对不公平提议时,被试做出拒绝行为之前的皮肤电活动变化显著高于接受行为,$F(1,153)=4.279,p<0.05$。

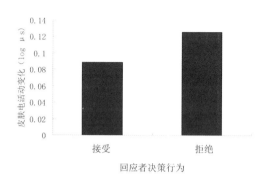

图 6-4 决策行为前的皮肤电活动变化

(四)讨论

1.最后通牒博弈中回应者的决策行为反应特点

本研究行为数据的结果与国外最后通牒博弈得出的模式基本一致。被试几乎接受了所有的公平分配提议,随着提议不公平性的增加,拒绝的可能性也相应增加。证明人们在社会决策时,并不是理智的,他们没有追求自我利益的最大化,反而会牺牲自己的利益去追求公平。这可以用社会偏好(social preferences)理论来解释。[①] 该理论假设人不仅有一种自利的愿望以得到高收益,而且也会关心他人的收益。这种社会偏好大致可以分为三种:差异厌恶偏好(公平偏好)、互惠偏好及利他偏好。在最后通牒博弈中,由于人们有减少与别人收益差异的动机,出于对公平的关注,回应者会做出损害提议者利益的决定,虽然这意味着与此同时自己的利益也会受到损害。

本研究中当博弈对手为计算机时,与博弈对手是人时相比,被试面对不公平提议在决策之前的皮肤电变化没有显著差异,相应的被试的拒绝率也不存在显著差异,这与前人的研究结果不一致。在桑菲的研究中,被试会更容易接

① Camerer, C. F. (1997), Progress in behavioral game theory. *Journal of Economic Perspectives*, 11(4), 167-188

受计算机给出的不公平提议。本研究在实验后通过对被试进行个体访谈了解被试行为的动机,有被试报告当博弈对手是人时,他会考虑自己的拒绝行为给对方造成的伤害,而选择接受,而当对手是计算机时,他会按照自己的真实想法做出拒绝行为,因为计算机不会受到伤害。也有被试报告虽然不公平的提议是计算机给出的,但是也是觉得不舒服,所以就拒绝了。我们认为中西文化差异可能是导致博弈对手不同,而拒绝率相似的因素之一,这有待进一步的研究去证实。研究者通过元分析研究揭示中西方文化差异在最后通牒博弈中确实存在。[①] 例如,在一项研究中,来自日本和以色列的提议者给出的分配比例小于美国和南斯拉夫的被试。[②] 本研究显示中国文化背景下的回应者更加关注分配的客观公平性,而不论这个不公平提议是有意的(由人做出的)还是无意的(由计算机做出)。

2. 最后通牒博弈中回应者的自主神经活动与决策行为的关系

本研究通过对自主神经活动的记录,直观地揭示了情绪的生理反应对决策行为的影响。这与 Sanfey 等人的研究结果相呼应,通过脑成像技术,他们发现情绪状态的神经活动预示着回应者的决策行为,不公平的提议会引起前脑岛活动显著提高,根据现有的文献资料,前脑岛激活与负性情绪有关,比如生气和厌恶[③],研究指出不公平分配在某些被试中引起强烈的不愉快情绪,因而遭到这些被试的拒绝。前脑岛激活程度更强的被试更容易拒绝不公平的分配方案。在本研究中,当分配的不公平程度升高时,情绪的唤醒程度相应增加,表现为皮肤电活动水平的增高,进一步分析显示,在拒绝行为前被试的皮肤电活动水平显著高于接受行为,意味着强烈的情绪反应影响了被试的拒绝

① Camerer, C. F. (1997). Progress in behavioral game theory. *Journal of Economic Perspectives*, 11(4), 167-188.

② Roth, A. E., Prasnikar, V., Okuno-Fujiwara, M., & Zamir, S. (1991). Bargaining and market behavior in Jerusalem, Ljubljana, Pittsburgh, and Tokyo: An experimental study. *The American Economic Review*, 81(5), 1068-1095.

③ Calder, A. J., Lawrence, A. D., & Young, A. W. (2001). Neuropsychology of fear and loathing. *Nature Reviews Neuroscience*, 2(5),352-363.

行为,进一步证明了情绪可以作为一种信息输入影响决策。这一发现拓展了沃特等人的研究结果,更加清晰地展示出情绪的唤醒性对行为趋向程度的预示作用。对情绪的这种信息输入作用进行解释理论有情绪信息等价说(feeling as information)①,斯洛维奇等人提出"情绪启发式"(affect heuristic)②,躯体标志假说(Somatic Mark)③,以及风险即情绪模型(risk as feelings)④,这些理论从不同层次强调了情绪在人类决策过程中扮演的关键角色,强调了情绪可以作为一种信息线索直接影响决策。我们对自主神经唤醒程度的分析为这些假设提供了直接的数据支持。

3. 性别因素对回应者行为的影响

本研究发现性别本身对回应者的行为没有显著影响,但是通过对性别配对的进一步考察,发现男性和女性在面对不同性别博弈对手时,表现出不同的行为模式。这种博弈双方性别上的差异可能使回应者的行为动机蒙上了另一层色彩,使他们不仅仅关注自身和对方的获益。在本研究中,男性回应者面对女性提议者时,表现出竞争性下降,更愿意接受对方给出的任意分配,即使这种分配是非常不公平的,而面对男性对手时,则更重视分配的客观公平性,表现为接受率的降低。而女性回应者的决策行为与博弈对方性别的关联不大。这个结果可以从进化心理学的角度做出解释。研究者⑤的亲本投资和性选择理论认为两性在生殖后代方面存在必备投资的差异,导致了两性在性选择行

① Schwarz, N., & Clore, G. L. (1988). How do I feel about it? The informative function of affective states. In Fiedler, K. & Forgas, J. (Eds.), *Affect, cognition, and social behavior*. Göttingen: Hogrefe, 44-62.

② Slovic, P., Finucane, M., Peters, E., & MacGregor, D. G. (2002). The affect heuristic. In T. Gilovich & D. Griffin (Eds.), *Heuristics and biases: The psychology of intuitive judgment*. New York: Cambridge University Press, 397-420.

③ Bechara, A., & Damasio, A. R. (2005). The somatic marker hypothesis: A neural theory of economic decision. *Games and Economic Behavior*, 52 (2), 336-372.

④ Loewenstein, G., Weber, E. U., Hsee C. K., & Welch, N. (2001). Risk as feelings. *Psychological Bulletin*, 127(2), 267-286.

⑤ Trivers, R. L. (1972). Parental investment and sexual selection. In Campbell B. (eds.) *Sexual selection and the descent of man*, 1871-1971. Chicago: Aldine Press, 136-179.

为及策略上的差异。人类物种中女性的生殖后代投资要比男性多,因此女性在配偶的选择上拥有更多的余地,选择的依据是男性投资的意愿和能力,而男性之间的竞争更激烈,所看重的是女性的健康和生殖力。本研究采用的实验范式是基于有限资源分配的博弈模型,因此男性在女性面前会表现出更多的利他行为,为了获得对方的好感,而同性之间的竞争则会加剧,因为在此博弈中资源是有限的。从进化论角度,很多男性之间的竞争都是为了获得资源,而女性竞争的重点不在经济物质上,而在外表上,因此决策行为不依赖于博弈对手的性别。在现今社会互动情境中,两性选择的偏好可能是很多社会规范形成的基础,影响着个体的行为表现,如"男性对女性的慷慨""男性的骑士精神"等。

(五)结论

在本实验条件下可得出如下结论:(1)在最后通牒博弈中,博弈双方的性别配对差异影响回应者的行为。当面对女性提议者时,男性回应者更容易接受不公平提议,而女性回应者的决策行为不受博弈对手性别的影响。(2)不公平提议引起更高的皮肤电活动变化,表明被试对不公平提议产生更强的情绪反应。(3)情绪唤醒状态可以预示决策行为,被试做出拒绝行为前的皮肤电变化显著高于接受行为前的活动变化。

二、经济博弈中不同性别儿童的"以貌取人"对决策行为的影响

(一)引言

一直以来,外貌对个体社会生活产生的重要影响,受到众多领域研究者的关注。来自社会心理学的研究结果显示,外貌具有高吸引性的个体在很多社会情境中存在优势。例如,人们普遍认为,外表吸引性和一些积极品质存在正相关:如良好的个性特质、智商、学业成就、心理健康水平、工作成绩以及社交技巧等,也就是说人们存在一种对外貌漂亮的刻板印象。[1][2] 近年来,来自行为决策研究领域的数据显示,这种刻板印象对个体在经济博弈中的决策行为也存在显著影响。个体的决策过程及结果会随着博弈对手的外表吸引力不同而发生变化,具有高吸引力的个体往往会得到更好的对待,从而取得更好的博弈结果。[3][4]

在经济博弈中,男性和女性的决策行为是否存在差异是各领域研究者热衷探讨的另一个问题。但是,可能由于方法学以及变量控制上的差异,关于性别差异对经济决策的影响至今没有统一的定论。不过从总体上来看,女性似乎更加喜欢与人合作,并且更加注重公平。[5] 此外,有研究者提出性别本身不会造成决策行为的差异,但是博弈双方的性别配对情况会对博弈结果产生重

① Dion K, Berscheid E, & Walster E. (1972). What is beautiful is good. *Journal of Personality and Social Psychology*, 24, 285-290.

② Catherine E, & Petrie R. (2011). Face Value. *American Economic Review*, 101(4), 1497-1513.

③ Solnick S J, & Maurice E S. (1999). The Influence of Physical Attractiveness and Gender on Ultimatum Game Decisions. *Organizational Behavior and Human Decision Processes*, 79(3), 199-215.

④ Wilson R K, Catherine C E. (2006). Judging a Book by its Cover: Beauty and Expectations in the Trust Game. *Political Research Quarterly*, 59(2), 189-202.

⑤ Saad G. (2001). Sex differences in the ultimatum game: An evolutionary psychology perspective. *Journal of Bioecnomics*, 3, 171-193.

要影响。①②

本研究采用最后通牒博弈任务探讨9~11岁的儿童群体经济决策行为的特征。③ 儿童决策行为特点和规律的研究对于理解人类决策行为的产生发展过程具有重要意义,它的研究成果有助于探究成人非理性决策特征的根源。此外,随着时代发展,儿童参与个人和家庭经济决策的机会增多,只有深入了解他们的决策特点,才能结合儿童的认知情感发展阶段,有效帮助儿童更好地作出决策。

纵观现有文献,儿童期经济决策行为的发展特点存在很多不一致的结论。有研究者提出年龄越小的儿童其行为越符合理性经济人假设,认为人的自利行为是先天的。④ 而另有研究发现在一些博弈中,儿童和成人的决策行为不存在差异。⑤⑥ 争论之所以存在,除了研究变量本身的差异外,另一个主要因素是儿童决策行为特点是由多种因素决定,包括智力发展水平、社会认知和社会性发展阶段等。其中,在儿童社会化过程中,文化背景扮演着至关重要的角色。因此,不同社会文化下,儿童的经济决策行为很可能呈现出不同的发展路线。

本研究通过操纵提议者的外形,包括外表吸引力和性别,探讨在中国文化背景下,儿童面对博弈对手的不公平提议时做出的决策行为。从儿童发展研

① Sutter M, Bosman R, Kocher G M, & van Winden F. (2009). Gender pairing and bargaining-Beware the same sex. *Experimental Economics*, 12(3), 318-331.

② 王芹, 白学军. (2010). 最后通牒博弈中回应者的情绪唤醒和决策行为研究. 心理科学, 33(4), 844-847.

③ Henrich J, Boyd R, Bowles S, et al. (2001). In search of homo economicus: Experiments in 15 small-scale societies. *American Economic Review*, 91(2), 73-79.

④ Camerer, C. F. (2003). *Behavioral game theory: experiments in strategic interaction* [M]. Princeton: Princeton University Press, 229-236.

⑤ Takezawa M, Gummerum M, & Keller M. (2006). A Stage for the Rational Tail of the Emotional Dog: Roles of Moral Reasoning in Group Decision Making. *Journal of Economic Psychology*, 27(1), 117-139.

⑥ Hoffmann R, & Tee J. (2006). Adolescent-Adult Interactions and Culture in the Ultimatum Game. *Journal of Economic Psychology*, 27, 98-116.

究看,8-11 岁儿童在某些领域的决策上存在性别差异,例如男孩比女孩更冒险,女孩比男孩更保守。[①] 研究者认为这与女孩的智力成熟和社会化阶段有关。根据以往文献,我们假设博弈对手的外表和性别对儿童决策会产生影响,而且这种影响可能存在性别及性别配对的差异。

(二) 研究方法

1. 被试

在一所普通小学中选取 40 名小学三至五年级学生作为被试,平均年龄为 9.85±0.35 岁,其中男生 20 名,女生 20 名。所有被试均为右利手,视力或矫正视力正常。

2. 实验仪器

采用 Superlab 软件实现刺激材料的呈现与被试反应数据的记录。实验刺激材料通过戴尔 17 寸显示器呈现,分辨率为 1024×768,被试坐在距离计算机屏幕 60 厘米处。

3. 实验材料

首先搜集实验中作为提议者出现的小学生照片。在一所普通小学中,选择 50 名四年级学生,男女各半。在说明实验目的并征求同意的情况下,采集头像照片。然后对所搜集的头像照片进行外表吸引性评价。具体过程为在另一所普通小学,选择 30 名四年级学生,男女各半,请他们对前期采集的 50 张照片的外貌长相进行 5 点评价(5 代表非常喜欢,1 代表非常不喜欢),头像照片随机呈现。对评分结果进行统计分析,选择 10 张(男生 5 张,女生 5 张)最高评分和 10 张(男生 5 张,女生 5 张)最低评分的头像照片作为正式实验阶段的刺激材料。

实验中采用的最后通牒任务,仿照已有研究,回应者和提议者就一笔 10

---

① Byrnes J P, Miller D C, Schafer W D. (1999). Gender differences in risk taking: a meta-analysis. *Psychological Bulletin*, 125(3), 367-383.

元钱的资金进行分配。被试作为回应一方,提议者通过计算机中呈现的头像照片作为代表。被试共需要进行 20 轮博弈,提议者的提议方式分为两种情况:4 次为公平的分配(￥5∶￥5);16 次为不公平分配(￥9∶￥1)。提议者的头像照片的呈现顺序根据外貌和性别进行平衡。

4. 实验程序

采用个别施测,具体实验程序如下:

第一步:填写知情同意书。

第二步:通过指导语塑造真实互动情境,向被试详细说明实验操作方法,使被试相信博弈过程涉及一些来自其他小学的同龄学生,双方就一笔 10 元的资金进行分配,对方作为提议者,而自己作为回应者。指导语的核心内容如下:"计算机上呈现的照片就是将要与你进行分钱游戏的同学,他(她)将提出一个分配方案,然后由你来决定是否接受这个的提议,如果你接受,这 10 元钱就会这样分配,如果你拒绝,则你们两个人都将得不到任何收益。这样的分配游戏一共要进行 20 次,每次分配你将面对不同的人。"在开始实验前,向被试说明,所有的决策结果会被保密。实验结束后,会根据实验中实际经济收益发放不同价值的礼品。

第三步:进行以熟悉实验程序为目的的练习,确保被试在正式实验中,能够按照要求做出接受或者拒绝的按键反应。

第四步:正式开始实验。

5. 实验设计

本实验为 2(回应者性别:男、女)×2(外貌吸引度:高吸引、低吸引)×2(提议者性别:男、女)的混合设计,其中回应者性别为被试间因素,外貌吸引度和提议者性别为被试内因素。

6. 数据处理

被试的行为数据通过 Superlab 软件直接收集,后期数据用 SPSS16.0 进行统计分析。

(三) 结果

对被试的接受率进行重复测量方差分析,结果如表 6-2 所列。

表 6-2　不公平分配方案下的接受率(%) 情况($M\pm SD$)

提议者外形	男性回应者		女性回应者	
	男性提议者	女性提议者	男性提议者	女性提议者
高吸引	0.48±0.41	0.50±0.38	0.76±0.27	0.62±0.28
低吸引	0.44±0.39	0.49±0.38	0.58±0.32	0.60±0.31

统计结果显示:外形吸引力的主效应显著,$F(1,38) = 10.65, p = 0.002$,$\eta_p^2 = 0.22$。回应者面对高吸引力提议者时的接受率大于低吸引力提议者;回应者性别的主效应不显著,$F(1,38) = 2.47, p = 0.124$;提议者性别的主效应显著,$F(1,38) = 4.55, p = 0.039, \eta_p^2 = 0.11$,回应者面对女性提议者时的接受率显著高于男性提议者。

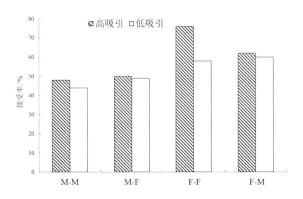

图 6-5　回应者性别、提议者性别与提议者外形的交互影响

注:M-M 代表博弈对手之间的性别配对为男性和男性;M-F 代表博弈对手之间的性别配对为男性和女性;F-F 代表博弈对手之间的性别配对为女性和女性;F-M 代表博弈对手之间的性别配对为女性和男性。

外形和回应者性别的交互作用边缘显著,$F(1,38) = 3.83, p = 0.058$,

$\eta2^{p}=0.09$。进一步简单效应分析显示,男生在面对高吸引和低吸引提议者时,决策没有显著差异。$F(1,19)=1.73,p=0.204$;女生面对高吸引提议者时的接受率显著高于低吸引提议者。$F(1,19)=12.16,p=0.002,\eta_{p}^{2}=0.39$。

外形、回应者性别和提议者性别三者间交互作用显著,$F(1,38)=4.78$,$p=0.035,\eta2^{p}=0.11$。女性在面对不同外形的女性提议者时的决策存在显著差异,$F(1,19)=11.93,p=0.003,\eta_{p}^{2}=0.39$。具体如图6-5所示。

进一步分析4种不同的性别配对情况(M-M;M-F;F-F;F-M)对儿童回应者决策的影响。结果发现 M-M 条件下,回应者的接受率最低,F-F 条件下,回应者的接受率最高。两者间的差异显著,$p=0.049$。

(四)讨论

1. 外貌吸引力的评估

本研究采用了呈现提议者头像照片的方式,探查了个体外貌吸引性对回应者经济决策行为的作用。采用头像照片呈现的方式模拟真人博弈互动情境,有助于控制实验进程,可以排除博弈双方在实验中可能存在的交流影响,但是在成功控制住一些干扰因素的同时,难免会使双方的决策互动受到限制。已有研究显示利用照片可能会扩大或缩减外貌吸引性的影响,但是为了使实验过程更加纯净,过程更加可控,仍有很多研究采用这个方法。而且研究表明对人脸照片进行外貌吸引性的评估结果在不同性别和文化间具有很高的稳定性。[①]

2. 最后通牒博弈中儿童作为回应者的决策行为

本研究结果显示,儿童期存在"以貌取人"这样的决策偏差。儿童更容易接受由高吸引性提议者做出的不公平分配。这与以成年人为被试的研究结果相一致。

性别和外貌吸引性的交互作用显著。女生在面对不同外貌提议者时,接

---

① Hatfield E., & Sprecher S. (1986). *Mirror, Mirror: The importance of looks in everyday life*. Alabany: SUNY Press, 12–56.

受率存在显著差异。女生对提议者外貌上存在偏好,在提议者具有高吸引性外貌时,女孩的接受率显著高于男孩。

本研究发现的另一个有趣的现象是,女孩之间的博弈最可能达成合作的局面,表现为 F-F 条件下的接受率最高。以往有研究发现女孩的合作性更高①,这在本研究中得到了一定程度的验证。而且女孩在面对不同外形的女性提议者时的决策存在显著差异,外貌漂亮的女生对作出的不公平分配更容易被接受。这与成人世界的情况不同。研究者发现,成年女性之间存在对容貌的嫉妒,使双方竞争性增强,这会对决策产生影响。本实验结果可能与儿童期同伴关系与合作意图的发展阶段有关。未来需要更多的研究对此问题做出更深入的探讨。

在对性别配对的差异检验中发现,儿童的行为模式与成年被试存在差异。成人研究发现,作为回应者,成年男性与女性表现出不同的行为模式。面对女性提议者时,男性表现出竞争意识下降,更容易接受对方给出的不公平提议;当他们面对同样是男性的对手时,竞争性增强,表现出更加重视分配的公平性,对不公平的分配往往作出拒绝决策。相比之下,成年女性的决策行为则更少受提议者性别的影响。进化心理学认为,是两性在生殖后代方面的必备投资差异导致了决策策略上的差异。面对有限的资源,男性为了争取到配偶,在女性面前更多表现出"骑士精神",而同性之间则更倾向于竞争。女性竞争的重点不在物质上,所以她们的决策行为与对方的性别关系不大。针对这一现象,学习理论也提出自己的观点。他认为男性和女性存在不同的社会化过程。男性在成长过程中学会对女性要彬彬有礼,对男性要有竞争意识。可见两种理论观点并不冲突,而且是相互补充的。性别角色差异的社会化过程对人类来说,是具有适应意义的,它有利于生命的成功繁衍。在本研究中,男孩在同性别之间更倾向于竞争,表现为在四种性别配对组合中接受率最低。但是男孩在面对女孩时,没有展现出更多的"骑士精神"。这可能与小学阶段儿童社

---

① 穆岩,苏彦捷. (2005). 10-12 岁儿童的同伴接纳类型与社交策略. 心理发展与教育,21(2):24-29.

会化的程度有关。根据已有研究成果可以预计,随着年龄成长和经历的丰富,在社会和文化的影响下,强化学习获得的社会的互动经验会使儿童的行为模式会越来越接近成年人。

(五)结论

本研究探查了人际互动对象的外貌吸引性对小学生决策行为的影响,研究结果如下。

(1)外貌对儿童的经济决策行为存在显著影响,外貌高吸引性条件下的接受率显著高于外貌低吸引性条件。

(2)外貌对儿童经济决策行为的影响存在性别差异。女孩更容易接受外貌高吸引提议者作出的不公平提议;男孩面对不同外貌吸引性提议者时,接受率不存在显著差异。